세기의 명작품들과 함께하는

영국 홍차의 역사

세기의 명작품들과 함께하는

영국 홍차의 역사

HISTORY of BRITISH STYLE TEA

저자 **Cha Tea** 紅茶教室
감수 정승호

한국 티소믈리에 연구원

홍차는 본래 중국에서 탄생한 음료이다. 오늘날에는 그 대부분이 인도, 스리랑카와 같은 아시아나 케냐 등의 아프리카에서 생산된다. 그러나 티 세미나를 통해 만나는 수많은 분들은 "홍차라고 하면 떠오르는 나라가 어디인가요?"라는 질문에 대하여 대부분은 "영국"이라고 응답한다. 물론 "티 생산국은 어디인가요?"라는 질문에는 "인도와 스리랑카"라고 응답하는 분들이 가장 많다. 그 이유를 들어 보면, '영국=홍차'라는 이미지가 강해서라든지, 또는 호텔의 애프터눈 티(afternoon tea)와 영국 여행 등 영국의 홍차 문화에 매료되어서라는 사람들도 많은 것이 사실이다. 홍차 생산국이 아닌 영국. 그럼에도 홍차의 이미지가 확고한 영국. 그렇다면 '영국식 홍차'는 대체 무엇일까?

해상 운송품이었던 티가 영국에 처음으로 수입된 것은 17세기 중반의 일이다. 당시 영국에서는 생산할 수 없었기 때문에 매우 고가였던 티는 왕족이나 귀족층에게는 '권위의 상징'이었고, 노동자층에게는 동경의 대상이었다. 그리고 빅토리아 시대 후기에는 국민 음료로서 자리를 확고히 잡았다. 그 뒤 영국은 식민지였던 미국이나 티의 공급지였던 중국과 큰 전쟁을 벌였으며, 아시아의 여러 식민지에서는 차나무를 재배시켰다.

녹차와 우롱차 등의 역사도 저마다 깊고 흥미롭지만, 그와 차별되는 홍차만의 가장 큰 역사적인 특징은 아마도 '소비국(영국)'과 '생산국(아시아, 아프리카)'이 서로 일치하지 않는다는 점일 것이다. 기후로 인해 티를 생산할 수 없었던 영국에서는 티를 전역으로 보급하기 위해서 식민지에서 티를 생산하는 일이 불가피하였다. 이때부터 홍차는 세계를 향한 '영국 국력의 상징'이 되었으며, 결과적으로 '영국의 국력 확대'와 '티 문화의 형성'은 완전히 비례하였다. 세련된 인테리어, 엄선된 찻잔 세트, 맛있는 홍차와 티푸드…. 귀족 여성들의 애프터눈 티는 바로 영국의 절정기에 탄생한 귀중한 문화인 것이다.

오늘날 영국에서는 홍차가 국민의 기호식품일 뿐만 아니라 관광 자원으로서도 큰 역할을 하고 있다. 영국을 방문하는 사람들의 대부분은 호텔에서 애프터눈 티를 즐기거나 여러 브랜드의 티블렌드들을 선물로 구입한다. 또한 교외를 여행하면서 티룸을 즐겨 찾는 분들도 많을 것이다.

이 책은 영국에 티가 전해진 17세기부터 지금까지의 역사를 시대적인 순서에 따라 살펴본다. 글만으로는 상상이 어려운 내용들도 많기 때문에 그때그때 티의 생활양식을 묘사한 고전풍의 그림들도 아울러 소개한다. 이를 통해 영국 홍차의 역사 여행을 즐겁게 떠나 보자.

Cha Tea 紅茶敎室

: 일본의 홍차 관련 유명 컨설팅 업체

* Cha Tea 홍차교실이 소장하는 동판화는 확인이 가능한 범위에서 인쇄 연도를 사진 설명 뒤에 병기하였다.

Prologue 2

최근 세계 티 시장에서는 '커피와 티의 소비 연령층이 역전하는 격변 현상'이 일어나고 있습니다. 세계적인 시장 경제 매체인 〈포브스〉에서는 이미 지난 2015년부터 북미 대륙에서 10대에서 60대까지 티와 커피의 각 소비 트렌드를 연령층으로 분석하여, '커피 소비는 10대에서 60대로 연령층이 높아질수록 증가하였고, RTD를 주로 한 홍차의 소비는 60대에서 10대로 연령층이 낮아질수록 증가하는 것으로 나타났다'고 발표한 적이 있습니다.

더욱이 10대에서 20대 초중반에서는 북미 대륙에서 커피보다 티의 소비자들이 더 많은 것으로 드러났습니다. 이러한 젊은 세대의 티 소비 강세는 건강에 대한 관심의 증대로 홍차, 밀크 티 등의 붐이 일면서 최근 국내에서도 일어나고 있습니다.

국내를 비롯해 세계적인 추세 속에서 한국티소믈리에연구원에서는 오늘날 세계적인 음료로 성장한 홍차, 특히 '영국 홍차'의 이야기를 담은, 『세기의 명작품들과 함께하는 영국 홍차의 역사』를 세상에 첫 선을 보입니다.

이 책은 홍차가 네덜란드 상인을 통해 동양에서 서양으로 전해지는 과정에서부터 당시 유럽의 상류층을 휩쓸었던 시대적인 역사와 홍차의 문화, 그리고 영국으로 전해진 뒤 '애프터눈 티'를 시작으로 커피 하우스, 티룸, 티 가든으로 보급되어 중산층에서 '하이 티' 문화가 형성되는 과정 등을 판화, 펜화, 정밀화, 사진, 삽화, 기록화, 광고 포스터 등의 명작들과

함께 소개하고 있습니다.

또한 홍차 무역의 분쟁을 통해 촉발된 중국과의 아편전쟁, 인도·스리랑카 홍차의 탄생, '보스턴 티 파티'로 발발한 미국의 독립 전쟁, 아프리카 대륙인 케냐에서 홍차 생산의 시작 등 수없이 많은 역사적 사건들을 재미있게 묘사한 명작들을 감상하다 보면, 오늘날 우리가 가볍게 마시는 한 잔의 홍차를 더욱더 깊고 풍요롭게 즐길 수 있습니다.

더욱이 20세기 제1, 2차 세계대전의 격동 속에서도 사람들과 늘 함께 했던 홍차 브랜드 업체들의 놀라운 변화 과정과 21세기까지 홍차 음료에 관한 사람들의 시대 의식의 변천도 명작들과 함께 보여 주면서 재미를 더해 주고 있습니다. 특히 영국에서의 홍차 배급제, 서구 열강이 아프리카 대륙을 침공하면서 시작된 차나무의 재배, 아이스티, 티백의 급성장, 찻잔의 발달 등을 시각적인 광고 포스터의 자료들을 통해 보는 것도 놓칠 수 없는 재미의 한 요소입니다.

이 책은 오늘날 시대에 건강 음료로 확고히 자리를 잡게 될 홍차의 세계에 첫걸음을 내딛는 분들이나 식음료계에 종사하면서 최근 트렌드로 부각되고 있는 '영국식 홍차'의 역사, 문화, 예술, 시대상 등에 깊은 관심을 보이는 분들에게 세기의 명작들을 감상하면서 홍차의 이해도를 더욱더 높여 줄 기회가 될 것으로 기대합니다.

정승호

사단법인 한국티협회 회장
한국 티소믈리에 연구원 원장

Contents

제 1 장

영국에 소개된 동양의 티

영국의 티 역사는 17세기에 시작되었다. 대항해 시대를 거쳐 동양 무역이 활발해진 이 시대에는 지금껏 문서의 기록이나 구전으로만 그 존재를 알 수 있었던 동양의 특산물, '티(tea)'가 마침내 영국에 전해졌다.

동양 무역과 티

　차나뭇과 동백나무속의 상록수인 카멜리아 시넨시스종(*Camellia sinensis*)의 원산지는 중국 윈난성(云南省)인 것으로 알려져 있다. 기원전 2700년경에 찻잎 자체를 약용으로 사용한 기록도 남아 있다. 그런데 찻잎은 생잎째로 저장하는 것이 매우 어렵기 때문에 자연히 생잎을 가공한 녹차(綠茶)가 탄생하였다. 그 뒤 녹차는 사원들을 중심으로 중국 전역으로 널리 확산되기에 이르렀다.

　그러나 이때의 티는 '홍차(紅茶, black tea)'가 아니라 동양에서 지금도 주류를 이루고 있는 '녹차(綠茶, green tea)'였다. 녹차, 홍차는 모두 카멜리아 시넨시스종의 차나무에서 딴 잎을 가공해 만든 음료이지만, 이 시대에는 아직 가공 기술이 확립되어 있지 않았다.

'카멜리아 시넨시스(*Camellia sinensis*)'는 차나무의 식물 학명이다. 오늘날에는 주로 접붙이기로 번식시키지만, 초창기에는 씨앗을 심어 재배하였다(1821년판).

영국에서 '티'는 네덜란드의 해양학자 얀 하위헌 반 린스호턴(Jan Huygen van Linshoten, 1563~1611)의 저서인『항해기』가 1598년 런던에서 출판되면서 처음으로 소개되었다. 린스호턴은 인도로 항해하는 도중에 아시아의 문화에 관한 내용들을 기술하면서 일본의 티 문화와 양식에 대해서도 소개하였는데, 이때 '티(tea)'를 '차(Chaa)'로 소개하였다.

서양인들이 책을 통해 알고는 있지만, 본 적도 마신 적도 없이 마냥 동경하는 녹차. 그 녹차를 서양에 처음으로 수출한 나라는 일본이라고 한다. 그러나 그 상대국은 '영국'이 아닌 '네덜란드'였다

15세기부터 시작된 대항해 시대를 지나 16세기 이후 일본에는 포르투갈, 스페인, 네덜란드, 영국 등 다양한 나라의 선박들이 입항하였다. 그리고 당시 일본의 실권자였던 막부의 지휘에 따라 히라도(平戸) 항구에는 각국의 무역관들이 설치되었다. 그중에서도 당시로서는 전 세계에서 유일하게 '주식회사'의 형태였던 네덜란드의 동인도회사가 큰 활약을 하였다. 무역관을 설치한 이듬해인 1610년에 일본에서 '차(Chaa)'를 본국의 암스테르담으로 운송한 것이다.

영국에서 '차(Chaa)'라는 문자가 보이는 가장 오래된 문서는 당시 히라도 항구에 입항한 영국 동인도회사의 주재원이 남긴 것으로 알려져 있다. 그 주재원은 1615년 6월 27일자의 서신에서 당시 오사카에 머물던 동료에게 "수도에서 양질의 차를 한 통 보내 달라"고 적었다. 그러나 이 차가 영국에 도착하였다는 기록은 아쉽게도 남아 있지 않다.

영국은 1623년에 일본 히라도에서 완전히 철수하였다. 당시 강국이었던 네덜란드와 이권 다툼에서 크게 패하면서 향신료의 중요 거점이었던 인도네시아 동부의 말루쿠제도(Maluku Islands)의 암보이나섬(Amboyna)를 상실하였고, 결과적으로 일본에서도 철수가 불가피하였다. 이로 인해

1613년, 히라도(平戶) 항구에 영국의 무역관이 설치되었다. 사진의 비석은 1621년에 작성된 고지도에서 무역관이 있던 장소로 생각되는 길가에 세워져 있다.

네덜란드 동인도회사의 본거지였던 암스테르담에는 당시의 무역선 '암스테르담호'가 복원되어 전시되고 있다.

향후 수십 년간 티 무역은 네덜란드의 동인도회사가 주도하는 상황으로 전개되었다.

1630년대 네덜란드 동인도회사의 총독이 히라도에 주재하는 무역관장에게 띄운 서신에는 "본국 사람들이 이미 차에 관해 다소 지식이 있어 차를 평가하고 있다"며, "가격이 다른 일본의 차 세 종류를 각각 6kg씩, 총 18kg을 본국으로 보내 달라"는 등 차 샘플을 요청하는 기록들이 남아 있다.

동양에서 수입된 녹차를 동양 도자기로 즐기는 상류층 일가. 테이블 위에는 중국산의 작은 찻주전자도 놓여 있다. 「티를 마시는 두 여인과 관리(Two Ladies and an Officer Seated at Tea)」, 니콜라스 베르콜리에(Nicolaas Verkolje), 1715년~1720년작.

이 시대에 네덜란드에서는 이미 '차(Chaa)'가 수입되어 왕족과 귀족층들을 중심으로 즐기는 문화가 확산되고 있었다. 1636년 11월에 히라도 항구에서 네덜란드로 떠난 선박에는 687근(1근은 600g)의 녹차가 실렸다는 기록도 있다. 그러나 이 선박은 캄보디아 인근의 연안에서 좌초되면서, 결국 선적된 차는 네덜란드까지 운송되지 못하였다.

이 시기에는 동양 무역에서 뒤처져 있던 영국에서도 최초의 '차'가 수입되었다. 이는 네덜란드의 동인도회사가 수입한 것을 영국이 다시 수입한 것이었다. 당시 영국은 청교도혁명으로 왕정이 무너지면서 공화국이 들어섰던 시절이다. 금욕주의의 청교도들을 위해 차가 무알코올 '약용음료'로서 널리 보급될 것같이 보였지만, 당시 영국에서는 사치품을 꺼리던 분위기였기 때문에 그다지 유행을 끌지 못하였다.

참고로, 영국에서 처음에 '티(Tea)'를 가리키던 '차(Chaa)'의 표기는 1644년 영국 동인도회사가 중국 샤먼(廈門)에 거점을 두면서부터 푸젠성어로 '차(茶)'를 가리키는 '테이(Tay)'에서 '티(Tea)'로 변했다. 오늘날 서양을 비롯한 세계 각국에서 '티'를 의미하는 용어는 발음이 육로로 전파된 광둥어의 '차[Cha]'와 해로로 전파된 푸젠성어의 '테이[Tay]'의 두 계보로 크게 나뉜다. 광둥어인 '차[Cha]'는 육로를 통해 북쪽으로는 북경, 한반도, 일본, 몽골로, 서쪽으로는 티베트, 벵골, 인도, 중동을 경유해 더 나아가 일부 동구권까지 들어갔다. 서양에서는 마카오를 직접 통치하였던 포르투갈 사람들만이 티를 '차[Cha]'로 부르고 있다.

커피 하우스에서 티의 유행

영국에서 일반적으로 티가 널리 보급된 것은 서양 각국의 왕궁에서 티를 즐기는 문화가 뿌리를 내린 뒤인 1657년경이다. 장소는 당시 런던의 익스체인지 앨리(Exchange Alley)에 있던 커피 하우스인 개러웨이스(Garraway's)에서였다.

커피 하우스는 오늘날의 티 숍과 같은 시설로서 처음으로 등장한 곳은 터키의 이스탄불이었다고 한다. 그것이 영국에도 전해져, 1650년에 최초의 커피 하우스가 템스강 상류의 옥스퍼드시에 탄생한 것이다. 이국적인 정서가 물씬 풍기는 커피 향기에 학생들이 사로잡혀 공부는 뒷전으로 하고 커피 하우스에나 들락거리는 모습을 보면서 당시의 교수들은 눈살을 찌푸렸다고 한다.

그 뒤 커피 하우스는 폭발적인 기세로 영국 전역으로 확산되었다. 최전성기에는 런던에 들어선 곳만 약 3000여 곳이나 되었다고 한다. 이와 같이 커피 하우스가 큰 인기를 끈 배경에는 여러 이유들이 있었다.

하나는 금욕의 시대에 알코올성 음료를 파는 술집보다는 무알코올성 음료를 메뉴로 한 커피 하우스가 사회적으로 더 훌륭한 사교장으로 인식되었기 때문이다. 또 하나는 당시 죽음의 전염병으로 대유행하였던 '페스트'에 대해 커피 특유의 향이 예방 효과가 있다는 속설도 큰 영향을 주었기 때문이다. 그 밖에도 커피보다 간발의 차이로 늦게 들어온 티가 개러웨이스를 비롯해 수많은 커피 하우스에서 '동양의 신비로운 약'으로 광고되면서 큰 인기를 끌었다.

그런데 커피 하우스의 입장료는 대부분 1페니였고, 음료도 1잔에 보통

1712년 런던의 커피 하우스 풍경. 커피 하우스는 문인들에게는 창작 활동의 장소, 신문 기자들에게는 정보 수집의 취재처였다/윌리엄 홀랜드(William Holland), 1899년판.

개러웨이스 커피 하우스의 건물은 인접한 건물의 확장 공사에 따라 1874년에 해체되었다(1880년판).

1688년 개업한 로이즈 커피 하우스(Lloyd's Coffee House)는 항구에 인접해 있어 해상무역에 종사하는 사람들에게는 정보 교환의 장이 되었다. 그 뒤 로이즈 커피 하우스는 해상보험조합으로 발전하였다/윌리엄 홀랜드(William Holland)의 1798년작/1943년판.

1~2페니였다. 그리고 최소 이만큼만 지불하면 커피 하우스에서는 몇 시간이라도 지낼 수 있었다. 1페니로도 수많은 지식을 얻을 수 있는 장소라는 뜻에서 '페니 유니버시티(penny university)'라고도 하였다.

또한 엄격한 신분 사회였던 당시로서는 드물게도 출입에 신분 제한이 없었던 것도 큰 몫을 하였다. 다만, 커피 하우스에는 남성들만 출입할 수 있었고, 여성들은 출입할 수 없었다. 물론 '아이돌(idol)', '바메이드(barmaid)'라고 불리는 여성 종업원들도 있었지만, 카운터에서 커피와 티를 끓이는 일만 수행하였다. '아이돌'이 미인이면, 그 아이돌을 보기 위해 손님들이 많이 찾아오기 때문에 채용 면접에서도 외모는 꽤 중요시되었다고 한다. 그리고 커피 하우스에는 남성들만 들어올 수 있기 때문에 남편이 커피 하우스에 자주 들락거려도 그 부인은 출입이 제한되어 '심중은 가지만 확인할 길이 없다'는 점도 영국 남성들에게 큰 인기를 끈 이유 중 하나였다고 한다.

한편, 커피 하우스에서는 티를 제공할 뿐만 아니라, 손님이 원한다면 티를 우려내는 방법도 가르쳐 주었다. 티를 우려내는 방법은 아시아 지역을 방문한 경험이 있는 상인들이나 여행객들의 조언을 바탕으로 지도되었다고 한다. 티는 주전자나 냄비로 우려낸 뒤 맥주와 마찬가지로 통속에 보관되었다. 그리고 수시로 통에서 주전자로 옮긴 뒤 큰 벽난로에 올려 다시 데워서 손님들에게 제공되었다. 찻잔에 대해서는 당시 크게 따지지 않았는데, 단지 맥주 머그잔과 같은 형태의 도자기제 잔에 따라서 마셨다.

17세기 중반에는 설탕이 희귀하여 수입량도 적었기 때문에 커피 하우스에서는 티를 '스트레이트 티(straight tea)'로 제공하였다. 사람들이 무알코올성 음료인 커피, 티, 코코아, 허브티를 마시고, 또 당시 유행하였던 담배를 피우면서 담론에 빠지는 모습은 커피 하우스의 일상적인 풍경이었다.

담화를 좋아하는 남성들이 주로 모이는 커피 하우스 중에서도 영국 최초로 티를 판매한 개러웨이스에서는 티의 광고를 위해 티의 건강 효능을 부각시킨 포스트를 매장에 붙였다. 오늘날 대영박물관에 소장되어 있는 이 포스터에는 "오랜 역사와 문화를 자랑하는 동양의 여러 나라들에서는 티가 은으로 그 무게의 두 배로 팔린다"고 서두부터 소개해 그 건강 효능적인 가치가 매우 높다는 사실을 강조하고 있다.

또한 티의 건강 효능에 대해서는 "두통, 결석, 부종, 괴혈병, 기억상실, 복통, 설사, 악몽 등의 증상에 효능이 있으며, 우유나 물과 함께 마시면 폐병을 예방하고 비만인의 식욕을 억제할 뿐만 아니라, 폭음·폭식 뒤에도 위장을 다스린다"고 소개되어 있다. 이는 영국 최초의 광고문으로 알려져 있다.

당시 영국에서 판매된 티는 네덜란드에서 수입된 것으로 1파운드(약 450그램)당 6파운드 내지 10파운드였다. 당시 노동자의 평균 연봉이 4파운드 정도였기 때문에 티의 가격이 매우 고가였던 사실을 알 수 있다. 따라서 고가였던 만큼 사람들도 그 건강적인 효능에 큰 기대를 품었을 것이다.

그런데 커피 하우스 개러웨이스에서 주장한 티의 건강 효능은 화학 성분들을 독자적으로 조사한 것이 아니라 네덜란드의 상인과 선교사, 의사들의 개인적인 소견을 그대로 인용한 것이었다. 특히 네덜란드의 의사인 니콜라스 튈프(Nicolaas Tulp, 1593~1674)는 1641년에 저술한 『의학론 (Observationes Medicae)』에서 다음과 같이 약간 과장하여 소개하고 있다.

> 티를 마시는 사람은 그 건강 효능에 의해 만병에서 벗어나 장수할 수 있다. 티를 마시면 신체에 위대한 활력을 가져다줄 뿐만 아니라, 담석, 두통, 감기, 안질, 천식, 위장병에도 걸리지 않는다. 또한 졸음을 예방하여 각성에도 큰 도움이 된다.

영국인들에게는 중국을 비롯해 동양의 국가들이 신비한 문화를 지닌 나라들로 보였다. 특히 티는 그 대표적인 물품으로서 큰 동경의 대상이었다. 1658년 9월에는 다음과 같은 내용의 광고가 신문지상에 실리기도 하였다.

> 고귀한 사람들과 의사들에 의해 그 효능이 입증된, 중국에서는 '차(Cha)', 다른 지역에서는 '테이(Tay)' 또는 '티(Tea)'로 불리는 음료가 커피하우스 설터니스헤드(Sultaness Head)에서 지금 판매되고 있다!

커피 하우스는 종종 정치적 담론을 펼치는 장으로도 활용되었다. 종종 싸움이 벌어지기도 하였지만, 그런 가운데 홍일점의 여성 웨이터인 '아이돌'의 존재는 사람들의 마음을 가라앉혀 주었다/에드거 번디(Edgar Bundy), 〈그래픽(The Graphic)〉 1894년 4월 14일자호.

포스터의 인물은 당시 티 애호가로 유명하였던 새뮤얼 피프스이다. 1660년 9월 28일자 일기에 티를 처음으로 마셨다고 기록하였다/영국다업(United Kingdom Tea Company)의 광고, 〈스케치(The Sketch)〉 1894년 5월 23일자호.

1666년 9월 2일 빵집에서 일어난 불이 런던 거리를 4일간이나 불태웠다. 이 화재로 세인트폴 대성당을 비롯해 87개 교회, 1만 3200채의 가정집이 피해를 입었다. 이 런던 대화재를 계기로 화재보험이 처음으로 생겼다/1930년판.

영국 해군성의 서기로서 일기 작가로도 유명하였던 새뮤얼 피프스 (Samuel Pepys, 1633~1703)는 1660년 9월 28일의 일기에서 "티 한 잔(중국의 음료)이 나왔다. 이것은 나 자신이 지금껏 마셔 본 적이 없는 음료이다"라고 기록하고 있다. 피프스는 미식가로도 유명하였기 때문에 당시 티를 처음으로 마신 그해 무렵부터 사람들이 점차 티를 즐겼다고 생각해도 무방할 것이다.

같은 해 영국 정부에서는 커피 하우스에서 판매되는 우려낸 티 1갤런 (약 4.5리터)에 대해 8펜스의 세금을 부과하였다. 티가 앞으로 세금을 징수할 수 있는 중요 사치품이 되리라는 것을 영국 정부는 누구보다도 빨리 내다보고 있었던 것이다.

영국에서 세금이 '찻잎'이 아닌 '우린 찻물'에 부과된 것은 앞서 소개하였듯이, 커피 하우스에서 찻잎을 우려낸 티를 통 속에 보관하였기 때문이다. 이 과세 제도는 커피 하우스의 영업에 크나큰 피해를 가져다주었다. 감시관은 하루에 한두 차례 정기 검사를 위하여 방문하였는데, 이때 검사가 완료되기 전까지는 통 속의 티를 손님들에게 판매할 수 없다는 규칙이 있었기 때문이다. 1663년에는 커피 하우스의 경영자가 법원에서 허가를 받아 면허를 취득하는 일이 의무화되었고, 이를 위반할 경우에는 1개월마다 5파운드의 벌금이 부과되었다. 이와 같은 티에 대한 과세로 인해 영국 정부의 세수입은 해마다 증가하였다.

영국의 티 역사에서 선구적인 역할을 한 개러웨이스 커피 하우스는 1666년의 런던 대화재로 전소된 뒤 재건되었다. 그러나 1784년에 또다시 화재가 일어나는 바람에 1846년에 결국 폐업하면서 그 존재도 역사의 뒤안길로 사라졌다. 이로써 건강 효능을 중심으로 시작된 영국의 티 역사는 1660년에 공화제 정부가 무너지고 왕정이 복고되면서 화려한 궁정식 티 문화로 발전해 나갔다.

제 2 장

영국 궁정식 티 문화의 발전

공화제가 끝나고 왕정이 복고된 17세기 후반. 영국의 궁정 문화가
호화찬란하게 꽃을 다시 피웠다. 동양 무역의 주요 물품이었던 티
는 이제 영국 궁정의 사람들을 매료시키고 사교장의 핵심 문화로
발전해 나간다.

왕정복고로 시작된, 영국 궁정식 티 문화

영국에서는 올리브 크롬웰(Oliver Cromwell, 1599~1658)이 주도한 청교도혁명에 의해 찰스 1세(Charles I, 1600~1649)가 참수형에 처해진 뒤에도 공화정 시대는 한동안 계속되었다. 크롬웰이 죽고 시나브로 1660년 왕정이 다시 부활하였다. 찰스 1세에 뒤이어 장남인 찰스 2세(Charles II, 1630~1685)가 망명지인 프랑스에서 귀국하여 영국의 왕으로 즉위한 것이다. 그런 찰스 2세와 1662년에 정략적인 결혼을 하여 왕비에 오른 여인이 바로 포르투갈 브라간사 왕가의 공주인 캐서린 오브 브라간사(Catherine of Braganza, 1638~1705)였다.

포르투갈이 기독교의 선교를 지속적으로 전개하자, 이를 꺼렸던 일본의 도쿠가와 막부(德川幕府)는 당시 인공 섬이었던 데지마(出島)에서 포르투갈과의 무역을 금지시켰다. 당시 대국이었던 스페인이 포르투갈을

포르투갈 브라간사 왕가의 공주인 캐서린은 23세의 나이로 영국의 찰스 2세와 결혼하였다. 당시의 왕족과 귀족들은 10대에 결혼하는 것이 일반적이었기 때문에 캐서린은 후사가 있어야 한다는 압박에 항상 시달렸다/피터 렐리(Sir. Peter Lely), 1833년판.

영국의 국왕, 찰스 2세와 갓 결혼한 캐서린 오브 브라간사 왕비. 춤을 추려는 것일까?/피터 렐리(Sir Peter Lely), 1822년판.

눈엣가시로 여기던 상황에서 일본 무역의 주도권마저 네덜란드로 넘어가자, 포르투갈은 정략결혼을 통해 당시 군사력을 강화하고 있던 영국과 동맹을 맺은 것이다.

    포르투갈의 브라간사 왕가는 이 결혼에 즈음해 인도의 봄베이(현 뭄바이)와 북아프리카의 탕헤르(Tangier)를 영국에 양도하고, 또한 브라질, 서인도제도에 대한 자유 무역의 권한도 부여하였다. 네덜란드보다 해외 진출에 뒤지고 있던 영국은 이들의 영지를 양도받음으로써 해외 진출의 거점을 얻은 것이었다. 실제로, 봄베이는 향후 영국 동인도회사가 인도의 식민지 경영을 확대해 나가는 데 큰 발판이 되었다. 그러나 찰스 2세도, 의회의 의원들도 처음에는 탕헤르와 봄베이의 가치를 충분히 이해하지 못하였다. 찰스 2세는 의원들에게 "탕헤르가 대체 무엇인가?"라고 묻자, 신하들은 황급히 탕헤르에 대해 조사한 것으로 알려져 있다.

시누아즈리 취향을 느낄 수 있는 실내. 중국산 찻장은 신분의 상징이었다.

중국에서는 '청화(靑花)'라고 불렸던 블루 앤 화이트 그릇은 사람들이 동경하는 물품이었다.

캐서린 공주는 혼수 예물로 티, 설탕, 향신료를 선박 3척의 선저를 가득 채울 정도로 반입하였다. 중국과 브라질, 인도 등에 식민지를 두고 교역을 진행하였던 포르투갈만의 독특한 일화라고 할 수 있다. 영국까지 배로 가는 데 휴대용 다구를 챙겨 멀미가 나지 않도록 하는 캐서린 공주의 모습은, 아직 티가 널리 보급되지 않았고, 더욱이 여성이 티를 즐기는 것은 지극히 이례적인 일로 여겼던 당시 영국인들을 매우 놀라게 만들었다고 한다.

모국인 포르투갈을 자랑스럽게 여기던 캐서린 왕비는 자신에게 주어진 사저인 서머싯하우스(Somerset House)와 관저인 윈저성(Windsor Castle) 실내에 동양에서 수입한 찻장을 늘어놓고 중국과 일본의 도자기를 화려하게 장식하였다. 그러한 동양의 이국적인 분위기가 흐르는 방에서 캐서린 왕비는 종종 '티타임'을 열었다. 티를 소유할 뿐만 아니라 그것을 즐길 고가의 찻잔 세트, 그리고 세련된 매너를 겸비한 왕비에게 많은 사람들이 크게 매료되었다.

당시 왕비가 애용한 찻잔 세트 중에서도 가장 주목을 끈 것이 동양의 도자기인 '티볼(tea bowl)'이었다. 도자기를 제작하는 기술은 17세기에는 서양에 아직 없었다. 하얗고, 안이 비쳐 보일 정도로 얇은 데도 불구하고 서양의 그릇보다 내구성이 더 강한 티볼은 파란색의 아름다운 문양과 함께 사람들에게 찬미의 대상이 되었다. 동양의 값비싼 티볼을 손에 든 자신의 모습을 초상화로 그리도록 한 귀족들도 늘어났다.

초기의 티볼은 매우 작았다. 이는 티가 약으로서 고액의 상품이었다는 사실을 암시하는 것이다. 캐서린 왕비는 티를 마시기 전에 빵에 버터를 발라 먹는 습관도 궁정에 전파하였다. 이것은 티의 강한 자극으로부터 위장을 보호하기 위한 것이었다.

1662년 11월 25일, 캐서린 왕비의 24세 생일날에 티 대접을 왕비로부터 받은 궁정 시인 에드먼드 월러(Edmund Waller, 1606~1687)는 「왕비의 권장으로 티를 노래하다(Of tea, commended by Her Majesty)」는 제목의 영국 문학사상 최초로 티를 주제로 한 시를 지었다. 월러는 시 속에서 왕비가 영국으로 들여온 두 가지의 예물을 찬미하고 있다. 그중 하나는 '티'이고, 다른 하나는 '티 산지로 떠나는 항해로'이다.

티에 관하여

비너스가 몸에 걸친 머틀
아폴로가 쓴 월계관
그 어느 것보다 훌륭한 티를
폐하는 경건하게 예찬하시네
최고의 왕비 그리고 최고의 나뭇잎
그것은 해가 떠오르는
아름다운 땅에 이르는 길을 보여 준
저 용감한 나라 덕분
그 땅에서 채취되는
그토록 풍요로운 음료를 우리는 소중하게 여기네
뮤즈의 친구인 티는
우리를 치유하는 최상의 것
머릿속에 자욱한 좋지 않은 망상을 진정시켜
영혼의 궁전에 평온을 지키네
왕비의 탄신일을 축하하기에
더없이 어울리는 음료

영국 동인도회사는 캐서린 왕비의 결혼으로 인도 무역의 거점을 손에 넣어 동남아시아를 경유하는 티 수입에 성공한다. 1664년 영국 동인도회사의 선박이 인도네시아 자바섬 북부의 반탐(Bantam) 마을로부터 귀국하였을 때, 은제 케이스에 담은 계피 오일과 양질의 녹차가 왕실에 헌상되었다. 찰스 2세는 이 녹차를 캐서린 왕비에게 선물하였다. 그 뒤 티는 왕실의 헌상품 목록에 반드시 오르게 되었다.

캐서린 왕비는 고가의 사치품인 설탕과 사프란을 티에 듬뿍 넣어서 손님들에게 아낌없이 대접하였다. 그녀의 영향으로 영국 궁정에 '기호식품'으로서 '궁정 티 음료'가 소개되었다. 영국에 티 음료를 마시는 문화가 보급되는 데는 캐서린 왕비의 업적이 매우 컸다. 그로 인해 후세 사람들은 그 캐서린 왕비를 '더 퍼스트 티 드링킹 퀸(The first tea drinking queen)'이라고 불렀다.

1667년 새뮤얼 피프스(26쪽 참조)는 그의 일기에서 "아내가 의사의 권유를 받아 감기약으로 티를 달여 마신다"고 기록하였다. 궁정 티 음료의 탄생과 함께 티가 조금씩 상류층의 가정에도 '약'으로 정착되어 나간 것을 알 수 있다.

1669년 영국 동인도회사의 공식 문서에는 티의 수입량이 기재되어 있다. 런던으로 운송된 143파운드(약 64kg)의 티 중에서도 21파운드(약 9.5kg)는 캐서린 왕비에게 헌상되었다. 그해 영국은 네덜란드로부터 티의 수입을 금지하고 자체 수입으로 조달하는 정책을 확고하게 시행하였다. 1679년 3월 11일 런던에서는 처음으로 영국 동인도회사가 주최한 티 경매가 개최되었다. 초기의 경매는 '바이 더 캔들(by the candle)'이라는 방식으로 진행되었다. 이 방식은 양초가 다 타기 직전의 값을 낙찰 가격으로 결정하여 팔아넘기는 것이다. 그러다 보니 경매의 진행 속도가 매우 느리고, 좀처럼 경매의 형태도 갖춰지지 않아서 결국 촛불이 1인치(2.54cm) 탄 시점에서 그냥 방망이를 두드려서 매매를 성립시켰다고 한다.

또한 1686년까지는 영국 동인도회사 직원이 '개인 교역'의 형태로 티를 수입하는 경우도 있었다. 동인도회사 선박에는 선장과 고급 선원에게만 허용된 '개인 교역'을 위한 적재 공간이 있었다. 유통량이 적어 가격이 높은 티와 도자기도 개인 교역의 경우에는 저렴하게 수입할 수 있었다. 그러한 개인 교역도 1686년에는 전면적으로 금지되었다. 앞으로 정식 교역품이 될 티와 도자기의 가치가 훼손될 수 있다는 우려 때문이었다.

네덜란드식으로 티를 마시는 방식, '티는 받침 접시'에...

영국의 궁정에 '궁정식 티 준비 양식'이라는 훌륭한 티 문화를 가져온 캐서린 왕비였지만, 슬하에는 자식이 한 명도 없었다. 그로 인해 왕위는 찰스 2세의 동생인 제임스 2세(James Ⅱ, 1633~1701)로 계승되었다.

제임스 2세는 왕세자(요크공) 시절에 결혼을 두 번이나 치렀다. 첫 번째 왕세자비인 메리 오브 구엘데르(Mary of Guelders, 1434~1463)는 메리 스튜어트(Mary Stewart)와 마거릿 스튜어트(Margaret Stewart)라는 두 공주를 남기고 세상을 떠났다. 그 뒤 왕위를 이을 왕자를 원하면서 두 번째 왕세자비를 찾던 제임스 2세에게 시집온 사람이 바로 메리 오브 모데나(Mary of Modena, 1658~1718)였다.

메리 오브 모데나(Mary of Modena, 1658~1718)의 29세 때 모습을 담은 초상화/윌리엄 위싱(William Wissing), 1900년판.

버터를 바른 빵과 찻잔 세트. 찻잔 세트에는 시누아즈리풍의 무늬가 돋보인다.
충분한 양의 설탕과 위를 보호하기 위한 빵이 그려져 있다/갤리(Galley), 1960년
판.

딸 메리 2세와 사위 오라녜공인 윌리엄 3세가 영국에 상륙했다는 소식을 듣고 깊은 시름에 빠진
제임스 2세의 모습/E. M. 워드(Ward), 1875년판.

그런데 당시 국왕인 찰스 2세와 캐서린 왕비가 런던에 거주하였기 때문에 그들은 스코틀랜드 에든버러 지역에 새 보금자리를 마련하였다. 네덜란드 헤이그의 궁정에서 신부 수업을 받은 젊은 왕세자비인 메리 오브 모데나는 최신 유행지의 네덜란드에서 급전직하하여 스코틀랜드의 조용한 시골 마을인 에든버러에서 생활하게 된 것이다. 에든버러의 궁정 문화는 물론 메리 오브 모데나 왕세자비가 원하는 수준이 아니었다. 아직은 궁정에 티를 마시는 문화가 뿌리내리지 않았던 에든버러의 궁정에 메리 오브 모데나 왕세자비가 티를 즐기는 문화를 전한 것이다.

1685년 찰스 2세가 서거하면서 제임스 2세 내외는 왕위를 잇기 위하여 런던으로 거처를 옮겼다. 런던의 궁정에는 찰스 2세의 왕비인 캐서린의 영향으로 이미 궁정식 티 준비 양식이 정착되어 있었다. 그리고 티를 마시는 예절은 캐서린 왕비가 고향에서 익힌 '포르투갈식'이었다. 그런데 제임스 2세가 왕위를 계승하여 새 왕비에 오른 메리 오브 모데나는 당시 유행이 가장 앞섰던 네덜란드 헤이그에서 익힌 최신의 티 양식을 영국의 궁정에 소개하였다. 그 양식은 주전자에 우려낸 녹차를 티볼에 옮긴 뒤, 다시 '받침 접시에 따라 마시는 방식'이었다.

티를 받침 접시에 따라 마신 것은 뜨거운 음료에 익숙지 않은 서양 사람들이 끓는 물로 우려낸 티를 마시기가 매우 힘들었기 때문인 것으로 보인다. 이러한 양식은 네덜란드에서 처음 생겨난 뒤, 프랑스, 오스트리아, 독일, 러시아 등 여러 나라들에 퍼져 있었지만, 당시 영국에는 아직 알려져 있지 않았다. 티에 조금씩 익숙해져 가던 영국 여성들에게 메리 오브 모데나 왕비가 전한 네덜란드식의 티 양식은 새로운 충격을 가져다 주었다.

유행에 늘 민감하였던 메리 오브 모데나 왕비는 1680년대에 프랑스에서 유행한 티에 우유를 넣는 '밀크 티'도 앞장서서 도입하여 궁정으로 전파하였다. 밀크 티가 널리 보급된 이유에 대해서는 여러 설들이 있다. 하나는 당시 티가 고가품이었기 때문에 귀한 찻물의 양을 늘리기 위해서라는 것이다. 또 다른 하나는 티의 온도를 낮춰 마시기에 좋도록 만들기 위해서라는 것이다. 그 밖에도 티의 떫은맛을 줄이기 위해서라든지, 약리성이 너무 강하여 우유로 그 효과를 완화하기 위해서라는 등등 수많은 이유들이 있다.

진하게 우려낸 녹차에는 많은 향신료, 설탕, 그리고 우유가 곁들여졌다. 이때 녹차에 듬뿍 넣었던 향신료와 설탕은 녹차와 마찬가지로 수입품이었기 때문에 가격이 매우 비싼 물품이었고, 따라서 티를 마시고 즐기는 행위는 극도로 사치스러운 일이었다. 당시에는 '스푼이 설 정도로 진한 티'를 마시는 일이 호사스러운 귀부인들의 바람이었다.

이는 티가 든 찻잔 속에 다 녹지 않을 만큼의 설탕을 대량으로 넣고 스푼을 넣으면 일어서는데, 부의 상징인 설탕을 그만큼 누리고 싶다는 욕망을 대변한 것이다. 심지어 티 모임에서 '충치'의 수가 누가 더 많은지도 서로 겨루었다고 한다. 당시 충치의 수를 다른 사람에게 가리키기 위해 사용된 '금이쑤시개'가 골동품으로도 남아 있어, 오늘날의 보는 이들로 하여금 더욱더 놀라게 한다.

이렇듯 메리 오브 모데나 왕비는 네덜란드의 앞서가는 궁정식 티 양식을 영국에 전파하였지만, 국왕 제임스 2세와 함께 모국의 신앙인 가톨릭의 계몽에 앞장서면서 결국 기독교인 영국 국교회를 중시하는 의회로부터 큰 미움을 받았다. 메리 오브 모데나 왕비는 그 뒤 대망의 왕세자를 출산하였지만, 대립 관계에서 강한 위기감을 느꼈던 당시 영국 의회에 의해 제임스 2세 국왕과 함께 결국 축출당하고 말았다.

보히 티의 등장

　영국의 국왕 제임스 2세는 '명예혁명(1688~1689)'으로 인해 추방되었고, 그의 딸 메리 2세(Mary II, 1662~1694)가 남편 윌리엄 3세(William III, 1650~1702)와 공동으로 왕위를 계승하였다. 메리 2세는 어려서 사촌이었던 네덜란드 오라녜공(Prins van Oranje)인 윌리엄 3세(당시 네덜란드 총독)에게 시집을 간 것이다. 그로 인해 메리 2세는 헤이그의 궁정 생활을 일찍부터 경험하면서 티를 즐기는 방법을 완벽히 익혔다. 도자기를 수집하는 일이 취미였던 메리 2세는 당시 중국을 비롯해 동양의 신비하고도 진귀한 도자기들을 영국으로 많이 들여왔다.

　메리 2세는 자신이 소장하였던 진귀한 중국 도자기를 켄싱턴 궁전(Kensington Palace), 햄프턴 궁전(Hampton Court Palace)의 각 방에 진열하였다. '양보다 질'을 중시한 그의 세련된 감각에 사람들이 눈을 뜨면서 영국 상류층에서는 여왕을 따라 동양의 물건들을 수집하거나 감상하는 일이 크게 유행하였다. 이러한 시대 문화적인 흐름을 '시누아즈리(Chinoiserie)'라고 불렀다.

　메리 2세는 여왕이었지만 매우 가정적이었으며, 결코 나서는 일이 없었다. 그러한 성품으로 당시 영국 궁정에서 관례화된 왕과 왕비의 식사 풍경을 신하와 국민에게 보여주는 오랜 관행도 별로 좋아하지 않았다. 식사도, 티타임도 남편이나 가까운 친구들하고만 즐겼다. 그리고 당시 유행한 시누아즈리풍의 찻잔 세트를 즐기면서 대화를 나누던 티룸은 중후한 오크나무재의 가구들로 둘러싸인 차분한 분위기의 작은 방이었다. 메리 2세는 그 티룸에 어울리는 작지만 소중한 그림들을 자신이 직접 고르는 일에서 큰 행복을 느꼈다고 한다.

가정적인 성격이었던 메리 2세는 전쟁터에서 돌아오는 남편을 맞이하기 위해 실내 인테리어에도 세심하게 주의를 기울이는 여성이었다/윌리엄 위싱(William Wissing), 1930년판.

켄싱턴 궁전에는 메리 2세가 당시 수집한 동양의 도자기들이 지금도 장식되어 있다.

메리 2세가 여왕에 즉위한 1689년에는 영국의 동인도회사가 그토록 고대하였던 중국 샤먼에서의 티 무역을 직접 실현하였다. 그 결과 티의 수입량이 크게 늘면서 가격도 점차 내리고 안정화되었다. 영국의 동인도회사가 티의 직접 수입을 중요시했던 것은 영국에서는 차나무가 자생하지 않기 때문에 수입으로 인해 국내 생산자들의 분노를 살 염려가 전혀 없었기 때문이다. 반면 그 무렵에 인도에서 면화를 수입하는 일에도 주력하였는데, 국내 직물업체들로부터 큰 반발을 불러왔다.

또한 동시대에는 중국 푸젠성(福建省)의 우이산(武夷山)에서 새로운 발견이 있었다. 녹차와는 다른 가공 방식으로 새로운 티가 탄생한 것이다. 그 탄생에 대해서는 다음과 같은 이야기들이 있다. 먼저 농민들이 전란에 휘말려 녹차의 생산을 포기하고 피난을 갔는데, 다시 돌아와 보니 티가 부분적으로 산화되어 있었다는 이야기가 있다. 또 하나는 녹차를 가공하는 시기에 황제가 마을에 들르면서 시중을 드느라 찻잎이 방치된 결과 산화되어 달콤한 향이 풍기는 티가 완성되었다는 이야기이다. 이러한 이야기들이 바로 오늘날의 우롱차에 가까운 부분산화차의 탄생설이다.

당시 푸젠성의 항구에서 티를 수입하던 영국의 동인도회사는 부분산화차의 존재를 알게 되면서부터 즉시 수입에 착수하였다. 영국에는 항상 진귀한 제품들을 수집하려는 왕족과 귀족들이 줄을 섰기 때문에 일종의 '블루오션 티'였다. 우이(武夷)가 순화되어 '보히(Bohea)'로 불리던 당시의 부분산화차는 수입량이 매우 적었기 때문에 영국에서는 큰 주목을 받았다. 이 '보히 티(Bohea tea)'는 영국에서 경수(센물)로 우리거나 우유를 넣어 마시는 방식에도 매우 적합하였고, 가짜 티를 만들기도 어려웠던 점(90쪽 참조), 녹차보다 운송 도중에 변질이 적었던 점 등의 이유로 18세기 후반부터는 녹차보다도 수입량이 훨씬 더 많아졌다.

보히 티의 확산으로 인해 티 모임의 스타일도 변화하였다. 티 모임을 열었던 안주인이 손님들에게 "녹차와 보히 티 중에 어느 티를 좋아하시 나요?"라고 묻는 사려 깊은 매너도 확립되었다. 손님들에게는 녹차든지, 보이 티든지 간에 모두 고가품으로서 안주인이 자랑하는 일품임이 분명하기 때문에 "어느 티라도 상관없어요"라고 응답하는 일이 매너로 정착되었다. 안주인이 손님들 앞에서 녹차와 보히 티를 직접 블렌딩하는 일도 유행하였다. 손님들을 눈앞에 두고 안주인이 직접 티를 블렌딩하는 일은 손님들에게는 극진한 대접으로 여겨졌다.

이때 사용된 것이 바로 '티 캐디(tea caddy)'라는 티 상자였다. 캐디(caddy)의 어원은 말레이시아의 티 무게 단위인 '카티(kati)'이다. 티가 동양에서 수입될 당시에는 1근(약 600그램) 단위로 티 상자에 넣어서 운송되었는데, 말레이시아에서는 '근'을 '카티'라고 하였다. 당시 동남아시아에서 티를 왕성하게 수입하였던 영국의 동인도회사가 '카티'를 '캐디'로 부르면서 유래된 것이다.

녹차밖에 없던 시절에는 티 캐디의 내부가 단칸이라도 문제가 없었다. 그러나 부분산화차, 즉 보히 티가 등장하면서 티 캐디 내부가 두 칸으로 분할된 것이 주를 이루었고, 더욱이 세 칸으로 분할되어 가운데 칸에는 녹차와 보히 티를 블렌딩하는 유리그릇이 놓이는 제품도 등장하였다.

상류층 저택에 고용된 대부분의 하인들은 비싼 티를 구입할 수 없었기 때문에 집주인이 두 번, 세 번 우려내 먹고 남은 찻잎을 다시 우려내 마시면서 티를 즐겼다. 간간히 고가의 티와 설탕이 도난당하는 일도 발생하여 티가 든 캐디 박스는 자물쇠로 단단히 잠갔으며, 그 열쇠는 안주인이 항상 휴대하고 다녔다고 한다.

티 캐디는 보통 주문 제작 방식으로 만들어지기 때문에 사용하는 나무는 주문자의 취향이 반영되었다. 그중에서도 로즈우드와 마호가니가 큰

정교하게 제작된 티 캐디 박스. 내부
상자와 유리 그릇, 그리고 맞춤 열쇠
까지 온전히 갖춰진 것은 드물어 매우
귀중하다(1800년 초반).

놋쇠로 장식한 티 캐디 박스. 마치 보물 상자같이
보인다(1840년대).

인기를 끌었다. 장식 문양에도 상아나 흰나비 등 이국적인 소재가 많이
사용되었고, 귀부인들은 각자 소지한 티 캐디로 아름다움을 서로 겨루
었다.

1689년에는 당시 커피 하우스에서 우려낸 티에 세금을 부과하였던 제
도가 철폐되었고, 대신에 찻잎 1파운드에 25센트의 관세가 부과되었다.
커피 하우스 이외의 장소에서도 티를 우려내 마시는 일이 확산됨에 따라
서 영국 정부는 수입 통관에서 찻잎 자체에 관세를 부과하였던 것이다.

다기, 티 전문점의 발전

여왕 메리 2세는 슬하에 자녀가 없었기 때문에 동생인 앤 공주(Anne, 1665~1714)가 일찍부터 왕위 계승자로 주목을 받았다. 메리 2세가 먼저 승하하고, 뒤이어 형부인 윌리엄 3세도 유명을 달리하면서 1702년 앤 공주는 영국의 여왕으로 즉위하였다.

신앙심이 깊었던 앤 여왕은 메리 2세와 윌리엄 3세가 통치하던 시대에 이미 중지된 '왕의 안수'라는 옛 의식을 부활시켰다. 왕이 손을 머리에 대면 병이 낫고 행복해진다고 믿었던 당시의 사람들에게는 이 의식이 매우 중요하였다. 앤 여왕이 머리에 손을 대고 있는 소년은 유년 시절의 새뮤얼 존슨(Samuel Johnson) 박사이다/1894년판.

앤 여왕의 시대에는 다시 새로운 다기들이 유행하였다. 대표적인 것이 '티포트(teapot)'의 보급이다. 티는 오랫동안 끓는 물에 달이거나 우려내는 방법으로 마셔 왔지만, 티 전용 포트는 17세기 말에서야 수입되었다. 그런데 동양의 티포트는 서양인들에게는 용량이 너무도 작았다. 티가 아직은 '권력과 부의 상징', '손님에 대한 최고의 대접'이었던 시대에 서양인들에게는 큰 티포트가 이상적인 물품이었다.

앤 여왕은 언니인 메리 2세와 달리 성격이 매우 활달하고 사교적인 여성이었다. 친구들도 많았고, 매일 밤늦게까지 궁정에서 파티를 열었다. 그런데 중국에서 수입한 작은 티포트로는 그 많은 사람들을 제대로 접대할 수 없었다. 고민 끝에 앤 여왕은 큰 티포트를 순은으로 만들라는 명을 내렸다. 당시 영국에서는 아직 도자기를 만들지 못하였기 때문에 순은으로 만들라는 것이었다. 이리하여 앤 여왕이 좋아한 과일이자, 고가의

퀸 앤 스타일(Queen Anne style)의 우아한 티포트는 오늘날에도 인기가 매우 높다/영국제, 1864년.

중국산 찻주전자와 찻잔들이 담긴 쟁반을 여성이 들고 있는 모습/필리프 메르시에(Philippe Mercier), 1740년대작.

영국 동인도회사

영국 동인도회사(English East India Company)
는 1600년 엘리자베스 1세(Elizabeth I,
1533~1603)의 칙명으로 창설되었다. 당좌
업체의 형태로 운영되었기 때문에 주식회사
였던 네덜란드 동인도회사에 비해 자금력
이 달리고 조직력도 약하여 무역 전쟁에서도
네덜란드에 지고 말았다. 영국 동인도회사
가 본격적으로 활약한 시기는 명예혁명으로
1689년에 네덜란드 총독이었던 윌리엄 3세
와 메리 2세가 공동으로 왕위에 오른 뒤부터
이다. 이때부터 영국의 동인도회사는 당시
무역 강국이었던 네덜란드의 든든한 후원을

영국 동인도회사가 런던의 빌리터 스트리트
(Billiter Street)에 위치할 무렵의 건물 모습
(1877년판).

받았고, 또 무역의 형태도 제한적인 당좌 업체에서 10년 단위의 투자 업체로 전환하였
으며, 최종적으로는 네덜란드 동인도회사와 같이 주식회사로 탈바꿈하면서 큰 세력을
키웠다.

술을 좋아한 앤 여왕이 후세에 주류 광고의 이미지 모델로 등
장한 모습/힐 톰슨사(Hill Thomson & Co. Ltd.)의 광고 포스트,
1960년작.

서양배를 모티브로 만든 순은제의 티포트는 그 뒤 '퀸 앤 스타일(Queen Anne style)'로 불리게 되었다. 순은제 티포트(없는 경우에는 중국산 티포트)를 사용해 손님 눈앞에서 티를 우려서 접대하는 일은 이제 영국 상류층에서 권위의 상징이 되었다. 그리고 티를 마시면서 손님이 안주인과 즐거운 대화를 나누는 일도 새로운 사교의 형태로 자리를 잡았다.

티를 마시는 시간도 크게 변화하였다. 티는 이제 신사라면 가져야 할 취미였기 때문에 수많은 남성들이 티를 즐겼다. 거창한 만찬이 끝난 뒤에는 어김없이 손님을 맞는 응접실로 자리를 옮겨 애프터디너의 티를 즐기는 일도 관습이 되었다. 그러나 앤 여왕은 '브랜디 낸(Brandy Nan)'이라고 불릴 정도로 술을 좋아하였다. '낸(Nan)'은 앤 여왕의 별명이다. 물론 앤 여왕은 신앙심도 무척이나 깊어 세인트폴 대성당(St. Paul's Cathedral)을 자주 방문하였다고 하지만, 실은 성당 근처에 술집이 있었고, 그곳에서 술을 한잔하면서 즐기는 일도 무척이나 좋아하였다고 한다.

세인트폴 대성당 앞에 설치된 앤 여왕 동상의 큰 의자에는 당시 다음과 같은 장난기가 섞인 가사가 쓰여 있었다고 한다.

> 아, 브랜디 낸, 브랜디 낸,
> 정녕 우리를 저버렸나요,
> 엉덩이는 성당에 붙이고 있지만,
> 얼굴은 브랜디숍을 향하는군요.

지금은 이와 같은 글귀가 없기 때문에 그 진위를 알 길이 없다. 그러나 앤 여왕이 브랜디에 빠질 수밖에 없었던 데는 그 이면에 큰 슬픔이 도사리고 있었기 때문이다. 앤 여왕은 슬하에 자녀가 없었다. 왜냐하면 남편인 조지(George, 1653~1708)와의 사이에서 가졌던 14명의 아이들이 모두 계속해서 유산하거나 사산하거나 단명하였고, 그러한 깊은 슬픔의 수렁

세인트폴 대성당 앞에 서 있는 앤 여왕의 동상.

에서 벗어나기 위해 유일한 밧줄로 붙잡은 것이 '브랜디'였기 때문이다.

앤 여왕은 애프터디너로는 브랜디를, 아침에는 티를 항상 즐겼다. 언니인 메리 2세의 시대, 영국의 상류층 사람들은 보통 아침에 핫초콜릿을 마셨지만, 앤 여왕의 영향을 받은 뒤로는 아침식사로 '티와 버터를 바른 빵'을 먹는 관습이 점차 정착되었다. 특별한 순간이 아니라 일상생활 속에 티가 자연스레 자리한 여왕의 티 라이프는 향후 수많은 사람들에 큰 영향을 주었다. 앤 여왕은 국정 업무를 보는 중에도 티볼을 손에서 결코 놓지 않았다고 한다.

앤 여왕은 미적 감각이 매우 높았기 때문에 티를 즐기는 환경에도 세심한 주의를 기울였다. 국정 업무를 보던 윈저성을 비롯하여 여러 성들

모닝 티를 묘사한 그림. 아침에 일어나자마자 티 한 잔을 즐기는 일은 앤 여왕의 영향으로 상류층의 일상적인 모습이 되었다「모닝(Morning)」, 리처드 휴스턴(Richard Houston), 1758년작, 1890년판.

에 오로지 티를 마시기 위한 전용 티룸도 두었다. 깊은 슬픔을 가리고도 남을 만큼의 호화스럽고도 아름다운 인테리어로 치장한 객실에 친분이 깊은 부인들만 불러들여 원탁에 둘러앉아 인도에서 갓 수입한 무명 가운을 걸치고 티를 마시는 앤 여왕의 우아한 모습은 수많은 궁정 사람들에게 큰 동경의 대상이 되었다.

앤 여왕의 즉위를 기념하여 런던의 켄싱턴 궁전 내에 건축된 '오랑주리'는 큰 창문이 있는 백악의 아름다운 티룸이다. 정원에는 당시에 아주

수집 가치가 높은 티 캐디 스푼

18세기에 인기가 매우 높았던 티 도구 중 하나로는 티 캐디 스푼이 있다. 티 캐디 스푼은 귀한 손님들 앞에서 사용하는 물품이기 때문에 사람들의 눈을 의식해 장식에도 많은 기교를 부렸다. 티가 매우 사치스러웠던 시대에 티와 함께 운송된 남쪽 섬 나라의 조개 등도 여성들에게 인기가 높았다. 더욱이 이국적인 정서가 넘치는 티타

빅토리아 · 앨버트 박물관의 실버 코너. 장식성이 훌륭한 티 캐디 스푼은 그야말로 압권이다.

임에서는 스푼 대신에 조개를 사용해 찻잎을 떠내는 등의 퍼포먼스도 큰 볼거리였다. 이 같은 배경으로 티 캐디 스푼은 초창기부터 조개 모양인 것들이 큰 인기를 누렸다. 영국의 '빅토리아 · 앨버트 박물관(Victoria and Albert Museum)'의 실버 코너에는 진열장 속에 티 캐디 스푼이 즐비하게 보관되어 있다. 직접 눈으로 살펴보면 그 아름다움과 정교함에 놀라움을 금치 못할 것이다.

오랑주리에서는 홍차와 함께 영국식 전통 과자를 즐길 수 있다.

유리는 당시에 사치품이었기 때문에 세금이 매우 높게 매겨졌다. 오랑주리
는 큰 창문을 전면 유리로 설치하여 매우 고급스러운 장소였다. 겨울에는
온실로도 사용되었다.

귀하였던 동양산의 오렌지나무가 심겼다. 이 티룸은 오늘날에도 여전히
티룸으로 남아 있어 일반인들도 부담 없이 이용할 수 있다.

　왕족과 귀족층들이 사랑하였던 몸에 좋고 이국적인 동양의 티는 궁중
에서 즐겨 마시는 방식이 확립됨에 따라 점차 그 위상이 약이었던 시대
보다도 더 향상되었다. 그리고 영국 동인도회사에서의 티 수입량도 안정
을 찾아가면서 티를 전문적으로 취급하는 상점들도 점차 등장하였다.

트와이닝스 본점은 오늘날에도 창업 당시와 같은 장소에 위치해 있다. 폭의 너비에 따라 부과된 세금을 절감하기 위해 폭이 좁은 것이 큰 특징이다. 인접한 건물과 비교해 보아도 확연히 더 좁다는 것을 알 수 있다.

상류층을 고객으로 삼은 포트넘 앤 메이슨은 앤 여왕이 집무실로 사용했던 세인트제임스 궁전에서 걸어서 불과 몇 분 거리의 장소에 있다. 내부의 구조도 매우 훌륭하다.

1706년 영국에서 가장 오래된 티 전문점인 '트와이닝스(Twinings)'가 티의 소매를 시작하였다. 트와이닝스는 원래 커피 하우스였지만 다른 가게와의 차별화를 시도하기 위하여 여왕이 사랑하는 티를 주력 상품으로 삼고 가게 안에 티의 판매대를 설치하였다. 그러나 커피 하우스는 남성들만 출입할 수 있었기 때문에 기대한 만큼 매출이 오르지 않았다.

여왕이 사랑하는 티의 구입을 원하였던 여성들은 많았지만, 당시 커피 하우스에는 여성들이 들어갈 수 없었고, 또한 남자 하인에게 큰돈을 맡겨서 심부름을 시키는 일도 꺼림직한 일이었다. 이러한 문제를 돌파하기 위하여 트와이닝스는 1717년 커피 하우스 옆에 '골든 라이온(Golden Lion)'이라는 상호의 티 소매점을 독립적으로 개장하였다. 골든 라이온이 최초로 개장됨으로써 이제는 여성들도 자유롭게 티를 구입할 수 있었고, 또 중산층 가정에서도 티를 마시는 습관이 확산될 수 있었다.

1707년에는 런던 중심부에 '포트넘 앤 메이슨(Fortnum & Mason)'이 개장하였다. 앤 여왕 밑에서 여왕의 생활용품을 관리하였던 윌리엄 포트넘(William Fortnum)이 휴 메이슨(Hugh Mason)과 손을 잡고 앤 여왕이 평소 먹는 식품과 사용하는 일상 용품을 판매하는 고급 식품 잡화점을 연 것이다. 포트넘 앤 메이슨은 개장 당시부터 상류층의 고객들을 많이 확보하고 있었기 때문에, 1720년경부터는 고객들의 요청에 따라 티의 판매도 시작하였다. 이러한 티 소매점의 등장은 훗날 티가 중산층의 가정에까지 보급되는 길을 열었다.

'신농 전설', 처음에 약으로 사용된 티

영국, 프랑스, 포르투갈 등 여러 나라들에서 티 문화를 탄생시킨 생긴 중국. 중국에서 티를 최초로 마신 인물로 전해져 오는 염제신농(炎帝神農)은 기원전 2700년경 고대 중국의 황제로 알려져 있다. 전설상의 황제인 염제신농은 보통 '인신우수(人身牛首)'의 모습으로 그려진다. 대부분 긴 수염을 기르고, 나뭇잎으로 짠 옷을 입고 있으며, 머리에는 짧은 뿔이 솟아난 노인의 모습이다. 신농은 한방과 농업을 주관하는 신이다. 또한 지상의 모든 약초를 직접 먹어 보는 실천주의자로서 그 과정에서 하루에 보통 72회 정도나 약초의 독에 중독되었다고 한다.

중의학의 시조로 알려진 염제신농(炎帝神農)의 상상도. 오늘날에도 염제신농은 중국 사람들로부터 숭배의 대상이 되고 있다.

맹독성 식물을 먹었을 경우에 신농은 해독제로 '카멜리아 시넨시스종 차나무의 잎'을 백비탕으로 복용하였다고 한다. 중국에서는 이를 오늘날 '티'의 기원으로 보고 있다. 신농은 365종류의 한방 처방을 발견한 뒤 『신농본초(神農本草)』라는 책을 엮었지만 거듭되는 전쟁으로 소실되었다. 후대에 일부를 소장하고 있던 본초학자 도홍경(陶弘景, 456~536)이 6세기경에 『신농본초경(神農本草經)』을 저술해 오늘날까지 신농의 위업을 전하고 있다.

중국 윈난성(云南省) 시솽반나(西双版納) 지역에는 지금도 오래된 야생 차나무가 많이 자생하고 있다. 사진 속의 차나무는 수령 1700년의 '차왕수(茶王樹)'이다.

기호품으로 자리를 잡은 티와 차인(茶人) 육우

약으로서 유행하던 티를 기호품의 경지로 끌어올린 인물이 바로 차인(茶人), '육우(陸羽, 733~804)'이다. 육우가 8세기 중반에 총 10장 3권으로 엮어서 쓴『차경(茶経)』은 티에 관한 가장 오래된 서적으로 알려져 있다.『차경』에는 중국에서 티의 기원을 신농 전설로 들고 있는 것은 물론이고, 당시의 티에 관한 모든 지식들을 담고 있다. 또한 단순히 티를 잘 마시는 수준을 뛰어넘어 '차도(茶道)'에 이르는 영성까지 느낄 수 있다.

『차경』속에서 육우가 티를 기호품으로 보고 있다는 사실을 알 수 있는 두 대목을 소개한다. 먼저 '티에 적합한 물'에 대한 부분이다. 수질과 물의 온도를 맞추는 방법에 대해서도 언급하고 있다. 또한 티를 '마시는 방법'에 대해서는 당시 일반적이었던 한약재였던 파, 생강, 대추, 귤피, 박하 등을 티와 함께 넣어 마시는 '약선(藥膳)'적인 음용 방식을 개탄하고, 티 자체의 고유한 향미를 중요시해야 한다고 갈파하였다. 이와 관련해서도 다양한 산지의 티를 직접 마셔 보면서 그 맛과 향을 비교한 뒤 평가한 결과도 기록해 두었다. 티 자체를 기호음료로 보는 육우의 사상은 뒷날 중국은 물론이고 다른 나라의 차인들에게도 깊은 영향을 주었다.

중국 항저우(杭州)의 중국차박물관 부지 내에 있는 육우의 동상.

커피 하우스에서 발전한 트와이닝스

1706년 토머스 트와이닝(1675~1741)은 런던에서 '톰스 커피 하우스(Tom's Coffee House)'를 개장하였다. 앤 여왕을 비롯한 상류층의 여성들이 티에 매료되어 있다는 사실을 알게 된 토머스는 장차 티 시장이 블루오션이 될 것으로 내다보고, 판매하는 티의 종류를 점차적으로 늘려갔다. 또한 영국 동인도회사에서 근무한 경험을 되살려 1717년에 인접한 부지를 매입한 뒤, '골든 라이온'을 개장하여 티, 커피, 코코아의 소매업과 함께 도매업도 전문으로 시작하였다.

영국의 티업체 트와이닝스가 창립 275주년 기념으로 한정 판매한 홍차 캔. 수집가에게는 더할 나위 없이 훌륭한 물품이다.

커피 하우스는 여성이 들어갈 수 없었지만, 골든 라이온은 여성들에게도 개방되었기 때문에 티의 판매는 대성공을 거두었다. 1739년에는 영국 성공회의 최고 권위인 캔터베리 대주교(Archbishop of Canterbury)로부터 녹차의 주문이 들어왔다는 기록도 남아 있다.

점포 내 양쪽 상단에는 역대 트와이닝가문의 초상화가 장식되어 있고, 좌우 선반에는 홍차 제품들이 빽빽하게 진열되어 있다.

티의 판매가 순항하면서 매출에 비례하여 점포들도 조금씩 확장되었는데, 상점 세 곳의 벽을 헐어서 '장어의 잠자리'로 불리는 길쭉한 점포가 완성되었다. 당시는 점포 부지의 가로 폭에 대해 '세금'이 매겨졌기 때문에, 트와이닝스의 가게도 절세 대책으로 세로로 길쭉한 구조로 만든 것이다. 주소를 나타내는 번지 제도가 생기면서부터 '216스트랜드'라는 이름으로 사랑을 받으면서 오늘날에 이르고 있다.

초대부터 10대째인 오늘날까지 면면히 계승되어 온 트와이닝가의 사업은 영국 홍차의 역사 그 자체라고 해도 결코 과언이 아니다.

트와이닝스의 역사물 전시 코너

가게 안쪽에는 회사의 기록물들을 진열한 전시대가 있다. 트와이닝가문의 가계도, 과거 고객의 명단과 장부, 그리고 아주 오래된 티 패키지와 티 도구 등이 눈길을 끈다.

트와이닝가문의 초상화

18세기의 풍자화가 윌리엄 호가스는 골든 라이온에서 외상으로 티를 구입한 뒤 그 외상값의 명목으로 초대 주인인 토머스 트와이닝의 초상화를 그렸다.

세계 최초의 팁 제도

트와이닝의 커피 하우스에서는 손님들로 가게가 붐빌 경우에 테이블에 'T.I.P(팁)'이라는 글자가 새겨진 박스가 놓였다. 보통 1잔에 1페니인 음료를 다른 고객들보다 먼저 주문하려면 2펜스가 추가로 요구되었다. 그 추가 요금을 넣기 위해 마련된 박스가 바로 팁 박스였다. 'To Insure Promptness(빠른 서비스 보증)'의 머리글자를 딴 'T.I.P' 시스템은 트와이닝의 가게에서 처음 시작되었지만 점차 다른 커피 하우스로도 퍼졌다. 신속한 서비스는 고객의 만족도와 연결되기 때문에 팁은 훗날 질 좋은 서비스를 가리키는 용어가 되었다. 이 팁 박스는 트와이닝가문의 재산으로서 오늘날까지도 소중히 간직되고 있다

황금사자상

창업 당시에는 사람들의 문맹률이 높았기 때문에 트와이닝스는 정문 상단에 간판 대신에 황금사자상과 그 양쪽에 중국 상인을 묘사한 조형물을 설치하였다. 처음에는 사자가 일어선 모습이었지만, 후대로 오면서 느긋하게 앉은 오늘날의 모습으로 바뀌었다.

앤 여왕도 사랑한 포트넘 앤 메이슨

휴 메이슨은 런던의 번화가인 피카딜리(Piccadilly)
에서 조그만 잡화점을 운영하고 있었다. 1705년
에 잉글랜드 동부의 노퍽(Norfolk)에서 온 윌리엄
포트넘은 그곳에서 하숙을 하면서 세인트제임스
궁전에서 앤 여왕의 하인으로 일하였다.

포트넘이 맡은 일은 말을 돌보는 일부터 마차 준
비, 부엌이나 일용품의 관리까지 매우 다양하
였다. 그중에는 궁정 내 곳곳에 놓인 수많은 양
초들을 매일 아침마다 모두 새로 갈아 끼우는 일
도 있었다. 궁정의 양초는 '밀랍'으로 만들어진 최
상품으로서 서민들은 접해 볼 수도 없는 물건이
었다. 아직은 충분히 사용할 수 있음에도 불구하

크리스마스 선물을 고객에게 전달하러 가는 포
트넘 앤 메이슨을 그린 크리스마스 팸플릿의 표
지(1970년).

고 매일 아침 새것으로 교체된 뒤 버려지는 양초를 보면서 포트넘은 시장에 판매할 궁리를 하였다.
그런데 그 양초 사업이 크게 성공하면서 목돈을 번 포트넘은 독립을 결심하였다.

1707년, 포트넘과 메이슨은 듀크스트리트 세인트제임스에 '포트넘 앤 메이슨'을 개장하였다. 사
업이 본격적으로 궤도에 오른 뒤에도 포트넘은 왕실 하인으로 일하면서 항상 상류층 사람들의 요
구를 파악하고 매출액을 늘려나갔다. 대표적인 티
블렌드인 '퀸 앤(Queen Anne)'은 1907년에 창립
200주년을 맞아 기념으로 만든 제품이다.

티 살롱에서의 애프터눈 티

2012년 엘리자베스 2세의 즉위 60주년을 맞아 기념으
로 개장한 레스토랑인 '더 다이아몬드 주빌리 티 살롱
(The Diamond Jubilee Tea Salon)'에서는 독특한 애프터
눈 티를 즐길 수 있다.

촛불을 든 창업자 상

포트넘 앤 메이슨의 가게 내에는 후드 차림의
창업자 윌리엄 포트넘이 창업의 계기가 된 '촛
불'을 한 손에 들고 있는 상들이 여러 장소에서
설치되어 있다.

예술성이 높은 상품 진열

계절마다 장식되는 포트넘 앤 메이슨의 예술적인 상품 진열. 그 정교하고도 아름다운 모습을 보기 위해 일부러 방문하는 사람도 있다.

로고에도 사용된 큰 시계 장치

1964년에는 포트넘 앤 메이슨의 건물 정면에 오늘날 홍차 캔의 로고로도 유명한 시계 장치가 설치되었다. 빅벤 (Big Ben)과 같은 주조 공장에서 18개의 종을 만든 뒤 3년에 걸쳐 제작한 대작이다. 15분마다 편안한 음색을 울리면서 포트넘과 메이슨 두 사람의 인형이 손에 티 쟁반을 들고 피카딜리 거리를 지나는 사람들에게 인사를 건넨다. 인형의 키만 120센티미터나 된다. 이 시계가 얼마나 큰지 알 수 있다.

다채로운 식품 바구니, 햄퍼

포트넘 앤 메이슨은 품질이 좋은 제품을 매장에서뿐만 아니라 '택배 서비스'로도 판매하였다. 상류층의 사람들은 자체 소비를 위한 주문량이 많았고, 또 선물용으로 구입하는 경우도 많았기 때문에 집으로까지 제품을 배달하는 택배 서비스가 꼭 필요하다고 판단한 것이다. 이때 식품 바구니로 사용된 'F & M'의 로고가 새겨진 아름다운 햄퍼(hamper)는 당시 사람들로부터 동경의 대상이 되었고, 점차 하나의 상품으로까지 자리를 잡았다. 오늘날에도 포트넘 앤 메이슨의 택배 서비스는 인기가 여전하여 연간 주문 건수가 12만 건이나 된다고 한다.

모국 포르투갈을 변함없이 사랑했던 캐서린 왕비

1662년 포르투갈 브라간사 왕가의 캐서린 공주는 영국의 찰스 2세와 정략적으로 결혼한다. 캐서린이 시집을 가기 전에 거주하던 포르투갈의 왕궁인 신트라궁(Palace of Sintra)에는 '백조의 방'이라 불리는 아름다운 방이 있다.

이 방은 캐서린의 부친이 영국으로 시집가는 딸의 앞날과 행복을 빌면서 조성한 것이다. 백조는 한평생 짝을 결코 바꾸지 않는 영물이기 때문에, 두 마리 백조의 그림을 내벽에 그리도록 해 딸의 결혼 생활이 순탄하기만을 기원한 것이다. 영국의 왕비가 될 딸과 그 남편인 영국의 국왕 찰스 2세에게 경의를 표하는 차원에서 백조의 목 아래에 왕관이 걸린 모습으로 그렸다.

그러나 부친의 그러한 간절한 소원도 헛되이, 두 사람의 결혼 생활은 불행의 연속이었다. 국왕 찰스 2세는 여성 편력이 심한 바람둥이로 결혼할 당시에 이미 캐슬마인(Castlemaine) 백작의 부인인 바버라 빌리어스(Barbara Villiers)를 비롯해 4명의 애인 사이에 6명의 아이를 두고 있었다. 또 결혼한 뒤에도 왕의 바람기는 여전하여 캐서린 왕비는 극도의 심적 고통에 시달려야만 하였다. 특히 신혼 시절에는 질투심에 불타오른, 왕의 애인들로부터 시달리기까지 하였다. 여러 차례의 임신에도 불구하고 왕세자를 탄생시키지 못하자, 결국에는 남편의 불륜에도 눈을 감아 버린 것이다. 캐서린 왕비는 영국에 있으면서도 고향 포르투갈, 친정 브라간사 왕가에 대한 자긍심이 대단히 강하였다고 전해진다. 또한 영국 국교회로 개종하지도 않았고, 모국의 종교인 가톨릭 신앙을 끝까지 관철시켰다.

캐서린 왕비가 영국으로 시집올 당시는 티가 아직은 귀중품이어서 마시는 방법도 모르는 사람들이 많았던 시대였다. 이런 시대에 캐서린 왕비가 티를 즐겨 마셨던 것은 어쩌면 영국 궁정에 있는 남편의 애인들 앞에서 자신이 유서 깊은 왕가에서 시집온 정실로서 마지막 자존심을 끝까지 지키기 위한 것이었는지도 모른다.

찰스 2세가 세상을 떠나자, 캐서린 왕비는 모국 포르투갈로 돌아가겠다고 선언하였지만 곧바로 허락되지는 않았다. 그 뒤 1693년에야 비로소 캐서린 왕비는 영국으로 시집온 지 31년 만에 귀국할 수 있었다. 캐서린 왕비가 여생을 보낸 벤포스타(Benposta) 궁전 앞에는 그녀의 사랑스러운 동상이 서 있는데, 왼손에는 십자가가 들려 있다. 이국땅에 정략적인 결혼으로 시집을 가서도 모국의 신앙과 관습을 지켜 낸 그녀의 모습에 포르투갈 국민들은 우러러 나오는 깊은 존경의 마음을 간직하고 있을 것이다. 캐서린 왕비의 시신은 상 비센테 지 포라(São Vicente de Fora) 수도원에 있는 브라간사 왕가의 영묘에 잠들어 있다.

포르투갈 신트라 궁정에 있는 '백조의 방'.

결혼하기 전 앳된 표정을 띤 캐서린 공주의 흉상.

찰스 2세와 함께한 궁정의 미인들. 상단 중앙의 미
인이 캐서린 왕비/1930년판.

네덜란드식 티 매너, 티를 '받침 접시'에 따라 마시다

'티를 받침 접시에 따라 마시는' 관습은 서양에서 티의 대국이었던 네덜란드의 궁정에서 처음 생긴 뒤 여러 나라들로 확산된 것으로 알려져 있다. 왼손으로 받치고 다기를 드는 습관이 없었던 서양인들에게는 뜨거운 티가 담긴 찻잔 스타일의 티볼을 한손으로 들고 마시는 일은 매우 어려웠다. 그로 인해 점차 뜨거운 티를 받침 접시에 따라서 마시는 방식이 정착되었다고 한다. 그리고 영국의 티 문화도 당시 사람들의 관습이 담겨 오늘날까지 골동품으로 전해지는 그림이나 다기를 통해서 흥미롭게 즐겨 볼 수 있다.

루이 프랑수아 1세(Louis François I), 즉 콩티 왕자(Prince of Conti)의 저택에서 티타임을 즐기는 상류층의 사람들. 초창기 건반 악기인 클라비코드(clavichord)를 연주하고 있는 아동은 유년 시절의 모차르트이다/「티 랑글레즈(Tea L'anglaise)」, 미셸 바르텔레미 올리비에(Michel Barthélemy Ollivier)의 1764년작, 1840년판.

색슨가와 바바리안가의 티타임 모습. 티를 받침 접시에 따르는 모습이 포착
되어 있다/네덜란드의 화가 페테르 야코프 호르만스(Peter Jakob Horemans),
1761년작.

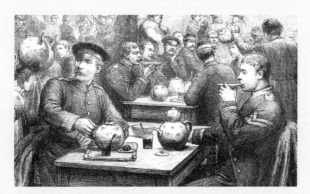

러시아 군인들이 티룸에서 티를 받침 접시에 따라서 마시는 모습의 그림/〈그래
픽(The Graphic)〉 1877년 3월 17일자호.

티를 받침 접시에 따라 마시는 풍속은 영국 전역으로 퍼져
서 티 컵이 보급된 뒤에도 시골에서는 오랫동안 관습으로
남았다/〈그래픽(The Graphic)〉 1888년 8 월 18일자호.

제 3 장

일반 대중들에게 확산된 티

18세기 초반에는 영국의 티 수입량이 급속하게 증가하였다. 그리
고 '티 가든(tea garden)'이라는 '야외 티타임'도 크게 유행하였다.
또 한편으로 티는 몸에 해롭다는 '티 유해설'도 나돌면서 사회적
인 논쟁이 일어나는 상황도 펼쳐졌다.

커피 하우스의 쇠퇴

영국의 앤 여왕이 승하한 1714년, 여왕의 먼 친척인 독일 하노버 선제후(왕이 될 수 있는 자격자) 중 한 사람을 국왕 조지 1세(George I, 1660~1727)로 옹립하면서 하노버 왕조가 새롭게 탄생하였다.

이와 동시에 영국에서 당대를 풍미한 커피 하우스에도 새로운 바람이 불기 시작하였다. 18세기 이후 영국은 왕위가 원활하게 계승되면서 국정도 안정을 되찾아 커피 하우스의 손님층들도 크게 변화하지 않고 고정적이었다. 그리고 가게마다 다른 고객층들의 분화도 생겨났다.

상류 계층은 궁전 근처에, 상인들은 왕립거래소 근처에, 문인들은 직장 근처에 몰려드는 경향이 두드러졌다. 또한 런던 대화재로 불에 탄 거리가 복구되고 개인의 가옥들도 새롭게 건축되면서 주거 환경이 대폭 개선되자, 중산층들도 이제는 손님들을 일반 가정으로 직접 초대하여 대접할 수 있었다. 그로 인해 커피 하우스의 필요성은 점점 더 약해졌고 술집과 레스토랑으로 전업하는 경우도 늘면서, 결과적으로 커피 하우스의 수도 해마다 줄어들었다.

영국 동인도회사에 의한 티 독점 시작

커피 하우스는 점점 더 그 수가 줄어들었지만, 영국의 티 수입량은 해마다 계속 증가하였다. 1711년 스페인 왕위계승전쟁의 비용을 조달하기위하여 티의 관세를 1파운드당 5실링으로 올린 것을 계기로 영국 정부는티를 보세제도(국가에서 허가를 받은 특정 장소, 시설에서 관세나 소비세 등의 부과를 유보하면서 수입화물을 보관, 분류, 가공 제조, 전시 등을 할 수 있는제도)의 대상 품목으로 지정하였다.

영국은 1717년에 중국 광둥항에서 무역권을 확보하면서 티의 수입량이 폭발적으로 증가하였다. 그리고 1721년 영국 정부는 서양 각국으로부터 티의 수입을 금지하였다. 이로 인해 영국의 동인도회사는 사실상 영국 내에서 티의 독점 판매권을 거머쥐었다.

또한 1723년 영국의 수상인 로버트 월폴(Robert Walpole, 1676~1745)은보세제도의 시행에도 불구하고 관세를 납부하지 않고 티를 국내로 반입하는 업체들을 주목하고, '티, 커피, 코코아'를 위한 '보세 창고'를 설치하였다. 보세 창고는 세관에 대한 수입 수속을 마치지 않은 수입 화물을 강제적으로 보관하는 창고이다. 수입상은 정해진 보관 기간인 2년 내에 가격 동향을 살펴보고 적당 시기에 화물을 인수할 때 관세를 지불한다. 월폴은 관세의 누락을 막기 위하여 모든 무역 회사에 대하여 보세 창고의이용을 의무화하고 단속을 강화하였다.

1784년까지 영국의 동인도회사가 공식적으로 수입한 티에 대해서는관세가 평균적으로 100%로 비교적 높았고, 이렇게 수입된 티는 원가의약 두 배 가격으로 소비자에게 판매되었다. 이러한 고액의 관세와 영국동인도회사에 의한 국내 티 시장의 독점은 영국에서 티의 밀수를 부채질

하는 요인이 되었다. 당시 티 무역의 강자였던 네덜란드의 동인도회사뿐만 아니라, 프랑스, 스웨덴, 덴마크 등 각국의 동인도회사는 영국 시장에 밀수로 유통시킬 티를 구입하느라 분주하였고, 그 밀수를 통해서 각 나라들은 막대한 수익을 얻었다.

이러한 밀수는 조직적으로 진행되었으며, 당연히 영국 내에서도 협력

와이트섬 해안에서 보트를 이용하여 티를 정부 당국 몰래 들여오는 밀수업자들. 이렇게 밀수된 티는 동굴에 은닉되었다/조지 몰런드(George Morland), 1793년작, 1970년판.

동양의 도자기는 고가의 사치품이었기 때문에 운송하는 과정에서 파손되지 않도록 쌀가마니에 넣어 출하시켰다.

자들이 다수 있었다. 밀수한 티를 하역하는 데는 인구 수가 비교적 적은 시골 마을들이 활용되었다. 따라서 시골의 마을 사람들 대부분이 밀수에 관여하였으며, 밀수 티를 동굴이나 교회의 지하실에 숨기는 데도 협조를 마다하지 않았다고 한다. 맨섬(Isle of Man)과 와이트섬(Isle of Wight) 등의 수많은 섬들에는 티의 밀수에 관한 기록들이 지금까지 남아 있다.

정상적인 수입 경로를 통해 티를 구입하던 국내의 티 상인들은 밀수의 방지 대책으로 관세를 인하하도록 정부를 압박하였지만, 그것이 실현된 것은 훨씬 뒷날의 일이었다. 높은 관세가 부과되었음에도 불구하고 티의 인기는 날로 높아져 가면서, 영국 동인도회사의 티 수입량도 1720년 대에는 88만 파운드(약 396톤), 1730년대에는 약 116만 파운드(약 522톤), 1740년대에는 202만 파운드(약 909톤)로 늘어났다. 그와 동시에 1740년 대에는 약 900만 파운드(약 4050톤)의 티가 밀수를 통해 영국 내로 반입된 것으로 추정되고 있다. 영국 동인도회사의 티 사업은 밀수 티가 시장에서 범람하는 가운데에서도 주주에게 매년 8%의 배당을 줄 정도로 대성황을 이루었다.

티 소비가 확대되는 가운데 다기에 대한 각종 수요도 증가하였다. 영국 동인도회사의 중국 무역선에는 티 외에도 수많은 다기들이 선적되었다. 특히 도자기는 냄새가 없기 때문에 향을 흡착하는 성질이 강한 티와 함께 선적하기에 적합할 뿐만 아니라, 또한 선박의 균형을 유지하는 무게 추(오늘날 평형수)의 역할도 했다. 더욱이 판매도 날개 달린 듯이 이루어지면서 영국 동인도회사의 주력 상품 중 하나가 되었다. 이러한 동양 도자기의 영향을 받아 1709년에는 독일 마이센에서 서양에서는 최초로 도자기의 소성이 이루어졌다. 그보다 뒤늦게 영국에서도 1740년대부터는 첼시(Chelsea) 요업, 보(bow) 요업, 로열 크라운 더비(Royal Crown Derby) 요업 등의 도자기 업체들이 탄생하였다.

티 가든의 대유형

　18세기 초반에 커피 하우스를 대신하여 티 소비에 공을 세운 것은 당시 새로 등장한 사교장인 '티 가든'이었다. 티 가든은 그 이름에서 알 수 있듯이, 티와 함께 식사를 가볍게 할 수 있는 오락시설이었다. 커피 하우스와는 달리 남성도, 여성도, 아이들도 입장할 수 있었던 티 가든은 보통 런던 교외의 넓고 경치가 좋은 전원 지역에 있었다. 대부분의 티 가든은 4월~9월의 날씨가 좋은 계절에 주 3~4일간 영업이 이루어졌다. 일부 티 가든은 귀족들의 후원을 받았음에도 불구하고 신분이나 계층에 상관없이 누구나 출입할 수 있었다. 따라서 가족들을 동반하는 사람에게는 인기가 매우 높아 주말에는 마차로 인하여 길이 정체될 정도로 붐볐다고 한다.

아름다운 오케스트라 음악에 도취된 상류층의 사람들. 왼쪽 테이블의 중앙에 풍채가 좋은 사람은 당시 티 애호가로 유명하였던 새뮤얼 존슨 박사이다/토머스 롤런드슨 (Thomas Rowlandson), 1799년작, 1952년판.

티 가든의 정원에는 항상 아름다운 초목들이 심어졌고, 인공 연못과 조각 동상이 감각 있게 배치되었다. 또한 산책로와 정원수의 미로도 조성되어 사람들의 기분을 즐겁게 만들었다. 티 가든 내에는 '티 하우스(tea house)'라고 부르는 지붕이 딸린 건물이 들어서 있는데, 이곳에서는 버터를 바른 빵을 비롯한 간식에 티와 커피, 코코아 등의 음료수도 제공되었다.

처음에는 티 가든의 구조가 대부분 비슷하였지만, 그 수가 늘어나면서 차별화가 일어나 그 내용물도 점점 더 발전하였다. 지붕에 인동과의 식물과 들장미를 심어서 예쁘게 장식한 티 하우스가 있는 티 가든, 훌륭한 오케스트라 박스를 설치하여 일반인들이 거의 들을 기회가 없었던 오케스트라 연주 음악이 감미롭게 흐르는 티 가든, 야간 조명과 불꽃놀이 등을 즐길 수 있는 오락성이 풍부한 티 가든, 댄스 파티를 주최하는 티 가든 등도 있었다.

티 가든은 처음에 입장료가 무료였지만, 오락 시설이 점차 갖추어지면서 유료로 바뀌었다. 입장료는 평균적으로 1실링(1실링은 12펜스)이었는데, 커피 하우스의 입장료인 1페니보다 10배 이상이 되는 금액이다. 이는 당시 노동자 계층의 일당과 거의 맞먹는 금액이었다. 그렇지만 당시는

1820년 화이트콘딧하우스의 모습. 풍부한 자연과 편안하고도 안락한 건물은 사람들에게 힐링의 장소가 되었다/월터 톰베리(Walter Thombury), 1880년판

화이트콘딧하우스 정원의 그늘에서 휴식을 취하는 사람들. 남성은 술을, 여성은 티를 즐기고 있다/에이브러햄 솔로몬(Abraham Solomon)/〈일러스트레이티드 런던뉴스(The Illustrated London News)〉 1851년 6월 14일자호.

당시 인기가 높았던 티 가든인 백니지웰스에서 소중한 가족들과 함께 휴가를 보내는 모습. 어린아이들도 티볼을 사용하고 있다/조지 몰런드(Gorge Morland), 1790년작, 1880년판.

온 가족이 함께 즐길 수 있는 오락 시설이 거의 없었던 시대였기 때문에 티 가든은 일반 사람들에게 특별한 장소가 되면서 가계에서도 그 정도의 비용은 기꺼이 지출한 것이었다.

영국의 '4대 티 가든'으로 손꼽히는 '메릴르번(Marylebone)', '복솔(Vauxhall)', '쿠퍼스(Cuper's)', '래닐러(Ranelagh)'를 비롯해 수많은 티 가든들이 런던 교외에서 개장되었다. 특히 '이즐링턴(Islington)', '램버스(Lambeth)', '화이트콘딧하우스(White Conduit House)', '백니지웰스(Bagnigge Wells)' 등은 건강에 좋은 광천수를 제공하는 것으로 유명한 티 가든이다.

하이게이트(Highgate)와 햄스테드(Hampstead)의 아름다운 목초 지대가 바라보이는 곳에 위치한 '화이트콘딧하우스'는 스틱과 공을 준비해 가면 영국의 국민 스포츠인 크리켓도 즐길 수 있어 당시 남성들에게 큰 인기가 있었다. 1760년에 간행된 〈젠틀맨스 매거진(Gentleman's Magazine)〉에는 다음과 같은 시가 게재되어 있다.

티와 크림과
버터를 바른 롤빵이
사람들을 기쁘게 하고,
겨루는 멋쟁이 남자들과
질투하는 여자들이 있어,
마침내
화이트콘딧하우스는
당신에게도 인기를 끌 것이다.

조지 몰런드(George Morland, 1763~1804)의 대표작인 「티 가든」(1790년)이라는 그림에는 화사하게 차려입은 부인들과 아이들을 포함한

일가들이 '백니지웰스'의 티 가든에서 휴식을 취하는 모습이 묘사되어
있다. 조지 콜먼(George Colman, 1732~1794)이 1776년에 발표한 희극인
「반탄(Bon Ton)」(상류사회라는 뜻)도 백니지웰스의 티 가든에서 즐거운
시간을 보낸다는 내용을 다루고 있다.

우아한 귀부인이 티를 건네자 신사가 극진한 예를 갖추어 받는 모습. 왼손에는 고가의 설탕이 든 그릇이
들려 있다. 물론 순은제의 설탕 니퍼도 꽂혀 있다.

설탕은 산 모양의 덩어리 형태로 판매되었다.

> 여름날 오후 백니지웰스에서
> 도자기 찻잔과
> 황금 스푼으로 티를 마신다

남성이 마음에 둔 여자에게 티 가든에 가자고 권하는 장면이 펼쳐진다.

> 아가씨, 연인이 되어
> 백니지웰스로 가실까요
> 아가씨, 그곳에서
> 티를 우리 함께 마시지요.

그러나 부지가 매우 넓은 티 가든은 운영자의 관리가 구석구석까지 닿지 않는 면도 있었기 때문에 종종 탈선과 무법의 장소로 돌변하였다. 심지어 혼자 산책하던 여성이 정체 모를 괴한들에게 습격을 받는 일도 생겨났다. 따라서 1752년 이후 티 가든은 커피 하우스와 마찬가지로 법원을 통해 면허를 취득하는 일이 의무화되었고, 또 순찰을 통한 관리감독도 동시에 받도록 지도를 받았다.

티 모임과 설탕, 그리고 여성 주도의 티타임

커피 하우스에서 티 가든으로… 남성의 전유물이었던 티는 점차 가정의 안주인인 여성들이 주도권을 쥐고 즐기는 음료로 변화하였다. 티와 마찬가지로 고가의 물품이던 설탕은 눈으로도 즐기는 사치의 상징이었다. 그 두 사치품을 동시에 맛볼 수 있는 티타임은 상류층, 중산층의 여성들에게도 두말할 필요 없이 '신분 과시의 상징'이었다.

여기서는 당시 티타임에서 설탕의 역할을 잠시 소개한다. 보통 설탕은 원추형 또는 막대 형태로 유통되었다. 식료품점에서는 그런 설탕을 카운터에서 설탕 전용 분쇄기로 부수고 저울로 무게를 달아서 판매하였다. 이 설탕은 일반 가정에서 사용하기에는 너무 컸기 때문에 적당한 크기로 갈아서 사용하였다. 이때 사용한 도구가 '크러셔(crusher)'이다. 이 크러셔로 고가의 설탕을 다량으로 가는 일은 보통은 하인에게 맡기지 않고 안주인이 직접 진행하였다. 당시 사용된 설탕 크러셔는 오늘날까지 온전한 상태로 남아 있는 것이 거의 없어 고가의 앤티크 물품이 되었다.

설탕을 부수기 위하여 사용하였던 순은제의
크러셔/프랑스 제품(18세기 초반).

찻잔과 받침 접시의 등장

영국에서는 1740년대에 국산 도자기가 나오면서 티 도구로 정착한 티볼에도 큰 변화가 일어났다. 티볼에 손잡이가 달린 오늘날의 '찻잔과 받침 접시'가 탄생한 것이다. 서양인들은 본래 뜨거운 음식을 잘 먹지 못하기 때문에 뜨거운 티를 받침 접시에 옮겨 마시는 독특한 습관이 생겼지만, 티볼에 손잡이가 있었으면 좋으리라는 생각은 누구나 한 번쯤은 느끼고 있었다.

그런데 편리한 찻잔이 생긴 지 얼마 되지도 않은 무렵에는 손잡이로 찻잔을 들면서도 결국은 습관으로 인해 받침 접시에 따라서 마시는 사람들도 많았다고 한다. 초창기의 받침 접시에는 찻잔을 고정하는 실굽이 없었고, 그 모양도 티를 옮겨 담기 쉽도록 옴폭하게 만들어졌다. 특히 동양식을 고수하는 경향이 강한 사람은 원래 형태의 다기인 티볼에 집착하는 경향도 있었다. 이 같은 배경으로 19세기 초반까지는 찻잔과 티볼이 모두 동시에 사용되었다. 그리고 19세 중반으로 접어들면서 티볼의 생산이 감소하기 시작하면서 티를 받침 접시에 따라서 마시는 사람들도 줄어들었다.

손잡이가 달린 찻잔/로열 덜턴(Royal Dulton), 1902년~1930년 제작.

안주인이 크러셔로 설탕을 작은 덩어리로 쪼갠 뒤 설탕 전용 그릇에 옮긴다. 설탕은 일반 음식과는 달리 전용 은그릇, 식기에 담아 티와 함께 별실에 보관되었다. 물론 잠금장치로 잠글 수 있는 방이다. 이와 같은 별실이 없는 중류층의 가정에서는 잠금장치가 있는 티 캐디 박스에 티와 함께 보관하였다.

손님이 방문하면 설탕 그릇을 티와 함께 티룸으로 날랐다고 한다. 설탕을 과시하기 위해 설탕 그릇의 크기는 상당히 컸으며(티포트만큼 큰 그

아침에 기도 시간을 갖는 가족의 모습. 방 왼쪽의 테이블 위에는 티 캐디 박스가 놓여 있다. 중앙의 테이블 위에 놓인 유리그릇에는 설탕이 듬뿍 들어 있다/E. 프렌티스(Prentis) 1841년 작, 1842년판.

설탕이 담긴 티 캐디 박스. 이것은 바로 위 그림과 동시대에 만들어진 제품이다/영국제(1830년).

설탕을 제공하는 데 사용되는 도구. 순은으로 만들어졌다. 위는 집게(영국제, 1797년), 아래는 설탕 니퍼/영국제(18세기 후반).

롯도 있었다), 티 테이블에 놓고 뚜껑을 일부러 덮지 않은 채로 두었다. 당시에 그려진 그림의 티타임 장면을 보아도 설탕 덩어리가 용기 밖으로 넘칠 정도로 수북하게 담겨 있다.

손님이 방문하기 전에 준비하는 도구로는 설탕 니퍼나 집게도 빼놓을 수 없다. 설탕을 집어 손님에게 건네줄 때 사용하는 물품이다. 안주인이 설탕의 양을 물으면 손님은 자신의 취향을 말한 뒤에 찻잔으로 설탕을 받는다. 설탕은 매우 고가였기 때문에 손님이 설탕 니퍼에 손을 대는 일은 금기였다. 설탕이 찻잔에 들어가면 아름다운 은 스푼으로 저어서 녹인다. 17세기까지는 이러한 은 스푼을 티스푼 전용 쟁반에 여러 개 올려놓고 모든 사람들이 함께 사용하였다고 한다. 이렇게 완성된 티는 당시의 풍습대로 받침 접시에 따라 마시는 방식으로 즐겼다.

여성들의 티 모임은 때로는 정치적인 목적으로도 이용되었다. 1765년 당시의 수상이었던 로킹엄 후작인 찰스 왓슨-웬트워스(Charles Watson-Wentworth, 1730~1782)는 자신의 정권을 안정시키기 위하여 야당에 속한 정적인 윌리엄 피트(William Pitt, 1759~1806)를 자기 세력으로 끌어들이려고 시도했지만 공개적으로 만날 수 있는 상황이 아니었다. 결국 부인들의 티 모임을 이용하여 비밀리에 접촉을 시도하였다. 온천 휴양지 배스에 피트가 휴양하러 온다는 정보를 입수한 로킹엄 후작은 피트 소유의 마차를 양도받았으면 한다는 내용을 핑계로 부인과 피트가 밀서를 주고받도록 시켰다. 후작 부인이 밀서를 통해 자신의 남편(당시 수상)에 대해 어떻게 생각하는지를 묻는 등의 내용으로 피트의 속내를 떠보았다. 그 뒤 피트와 친분이 깊은 정치인을 자신의 티 모임에 초대하여 친교를 맺은 뒤 남편을 포함해 피트를 비밀스러운 디너파티로 인도하였다는 것이다.

티 모임은 일반적으로 여성들이 주역으로서 정치와는 전혀 무관하다

테이블 위의 쟁반에는 설탕을 젓는 용도의 티스푼이 놓여 있다. 티스푼은 1750년 전후부터 한 사람이 하나씩 사용하게 되었는데, 보통 6개, 12개들이 1세트로 판매되었다. 이 그림에서 보이는 은쟁반은 1760년경부터 점차 그 모습을 감추었다.「티를 즐기는 3인의 가족(A Family of Three at Tea)」, 리처드 콜린스(Richard Collins) 1727년작.

고 인식되었기 때문에 정치적인 회담은 곤란하더라도 휴양지에서 우아하게 티 파티를 즐기는 것은 아무런 문제도 되지 않았다. 이와 같이 당시의 여성들은 티 모임을 통하여 남편을 후방 지원하는 일이 종종 있었다고 한다.

티 유해설

티가 사람들의 일상생활에서 빼놓을 수 없는 음료로 급속하게 자리를 잡기 시작하면서 영국의 학계에서도 티에 대한 의학적인 검증 작업을 활발하게 펼쳐나갔다. 17세기 후반에 커피 하우스에서 소개된 티의 효능(24쪽 참조)은 다른 나라의 사람들이 한 말이기 때문에 곧이곧대로 받아들이기에는 신빙성이 부족하였다.

그러던 중 영국에서 티에 관하여 의학적인 견해를 최초로 발표한 사람이 있었는데, 의사인 토머스 쇼트(Thomas Short, 1690~1772)였다. 의사 쇼트는 1730년과 1750년에 『티에 관한 논문(a dissertation upon tea)』이라는 제목의 책 두 권을 냈다. 이 책들은 그때까지 다른 나라에서 출간된 책들처럼 티를 무조건 찬미하거나 또는 완전히 부정하는 극단적 논리에 치우치지 않고 오로지 자신이 직접 문헌적인 고증을 통해 다양한 실험들을 진행하여 '티의 본질'을 밝히려고 시도한 것이다. 의사 쇼트는 책을 통하여 티가 의학적으로나 영양학적으로 여러 가지의 좋은 효능도 있지만, 무엇보다도 티의 보급이 영국의 경제와 사람들의 사회생활에 불러온 영향이야말로 가장 중요하다고 주장하였다.

1730년에 출간된 책에서는 티가 사람의 몸에 끼치는 영향에 대하여 약간 부정적인 견해를 보였다. 영국의 허브가 차라리 티보다 효능이 더 좋으며, 또한 티에는 사람의 몸에 악영향을 주는 성분들이 포함되어 있을 가능성이 있다고 밝혔다. 그 근거로 그간 조사한 문헌적인 기록들과 실험 보고서들을 언급하였다. 그러나 1750년에는 같은 제목의 책에서 티를 마시는 것 자체에 대하여 근본적으로 의문을 제기하거나 그 건강적인 효능을 부정하는 일은 더 이상 논할 가치가 없다고 기술하였다. 의사 쇼트는 티의 장점과 단점을 각각 제시하고, 장점이 단점보다 훨씬 더 많다

기독교 감리교파의 목사였던 존 웨슬리. 그는 가난한 사람들을 위해 수많은 자선 사업들을 펼쳤다/1930년판.

티 유해설을 강하게 주장하였던 조너스 한웨이는 런던에서 남성으로서는 우산을 처음으로 썼던 인물로도 알려져 있다. 18세기 중반에는 우산이 여성 패션의 전유물이었기 때문에 남성이 우산을 쓰는 일은 극히 드물었다고 한다/〈에브리새터데이(Every Saturday)〉 1871년 8월 12일자호.

는 결론을 내렸다.

물론 티의 예찬론자들만 있는 것은 아니었다. 20대 시절부터 티 애호가였고 감리교파의 창시 목사인 존 웨슬리(John Wesley, 1703~1791)는 1746년에 사람들 앞에서 티를 끊겠다고 공식적으로 선언하였다. 웨슬리는 자신의 몸이 떨리는 증상이 티를 마셨기 때문이라고 생각하였다. 그리고 그동안 티에 들인 돈과 시간을 앞으로는 가난한 사람들을 위하여 베풀겠다고 발표하였다. 그 뒤 웨슬리는 "티를 6개월간 완전히 끊자, 빈민을 250명이나 도울 수 있었다"고 발표하면서, 티가 얼마나 터무니없이 비싸고 사회봉사에 장애가 되는지를 신랄하게 비판하였다. 그러나 웨슬리는 그 12년 뒤에 티를 다시 마시기 시작하였다. 몸이 떨리는 증세는 티로 인한 것이 아니라는 사실을 알게 되었고, 티의 수입량이 늘어나 가격이 하락하면서 빈민을 위해 자신이 티를 마시지 않는 일은 이제 더 이상 아무런 의미가 없어졌다는 것이 이유였다.

웨슬리가 만년에 애용한 웨지우드 요업의 도자기 티포트는 오늘날에도 런던의 메소디즘ㆍ존웨슬리박물관(Museum of Methodism & John Wesley's House)에 보관되어 있다. 웨지우드 요업은 1908년에 그와 같은 디자인의 티포트를 복원 제작하였지만, 오늘날에는 더 이상 생산하지 않는다. 당시 복원 제작된 티포트에는 최초의 제품과 마찬가지로, '하나님, 우리의 일용할 양식에 감사합니다', '하나님, 우리의 식탁에 함께 하소서'라는 하나님께 올리는 기도문들이 새겨져 있다.

영국의 여행가이면서 자선가로 유명한 조너스 한웨이(Jonas Hanway, 1712~1786)도 티의 유용성을 부인한 사람이었다. 한웨이는 그의 저서 『티에 관한 25통의 서신』(1757년)에서 "티는 영국 사회에 수많은 폐단을 불러올 것"이라고 비판하였다. 한웨이는 첫 번째 서신에서 "자신은 티를 공정한 눈으로 평가한다"고 선언하고, 티를 마시는 풍속의 한복판에 서 있는 상류층 여성들에게 티를 마시지 말 것을 촉구하였다. 또한 책에서 건강, 시간, 도덕관념, 금전 등 티의 사회적인 폐해도 거론하였다. 그 과정에서 한웨이는 빈민이 티를 구입해 마시면 영양성이 높은 음식에 지불해야 할 돈이 줄어들고, 더 나아가 노동 시간이 감소하고 근로정신도 상실시킬 것이라 주장하였다.

한웨이의 이러한 극단적인 주장에 대하여 당시 평론가이면서 문단계의 중진 시인이었던 새뮤얼 존슨(Samuel Johnson, 1709~1784)이 신랄한 비판을 전개하였다. 존슨은 "나는 완고하고 염치없는 티 애호가로서 지난 20년간 이 매력적인 잎을 우린 물로 식사를 줄여 왔다. 나의 티포트는 식을 줄을 모르고, 티로 저녁을 즐기고, 티로 한밤의 고독을 달래고, 티와 함께 아침을 맞이한다"고 서두에서 밝힌 뒤, "자신은 다시없는 티 애호가로서 한웨이처럼 공정한 판단을 하지 못하는 것에 대해 삼가 깊은 양해를 구해 마지않는다"고 말하면서 한웨이의 주장을 비꼬았다.

시인 존슨은 한웨이의 티에 대한 극단적인 주장을 비꼬았지만, 그의 모든 말을 무조건 부정하지만은 않았다. 근래 신경성 질환이 늘고 있다는 점 등에는 동의하였다. 그러나 그 병의 원인은 티가 아니라 영국인들의 생활양식이 변하고 있기 때문이라고 지적하였다. 실제로 1760년대 무렵부터 증기 기관과 방직 기계가 잇달아 발명되면서 산업혁명이 일어나 영국인들의 생활양식이 크게 변화하였던 것이다.

존슨은 끝으로 티에 대한 다음과 같은 견해도 달았다. 티를 좋아하는 사람들에게 티는 '명목적인' 오락수단으로서, 그저 함께 모여 수다를 떨거나 한가로운 휴식 시간을 즐겁게 보내기 위한 하나의 수단일 뿐이다. 티를 마시는 사람들은 단지 티가 놓인 '티 테이블 세팅'에 끌려서 모여드는 것이다. 당시 영국인들은 이 생각에 깊은 공감을 가졌다고 한다.

티 반대론(또는 유해설)은 이 시대에 계속해서 등장하였지만, 티의 인기는 여전히 수그러들지 않았다. 티는 그동안 수많은 의사들로부터 건강

새뮤얼 존슨 박사가 지인들과 티타임을 갖는 모습. 티포트를 든 안주인이 티타임의 중심인물로 그려져 있다/비어트리스 메이어(Beatrice Meyer), 〈그래픽(The Graphic)〉 1880년 4월 24일자호.

증기 기관을 발명한 제임스 와트(James Watt, 1736~1819)도 유년 시절에 일상적으로 티를 우려내 마셨다. 와트는 당시 찻주전자에서 뿜어져 나오는 증기를 보고 발명의 힌트를 얻은 것으로도 유명하다/미국의 여성 잡지 『구디스 레이디스북(Godey's Lady's Book)』 vol. 44 1852년판.

에 좋은 음료로서 인정을 받았고, 또 사교를 위해서도 없어서는 안 될 식품이었기 때문이다. 노동자에게도 티가 술보다 건강에 더 좋은 음료라는 사실은 두말할 필요도 없었다. 티는 소량의 찻잎을 다량의 물로 우려내 희석해 마실 수 있고, 또한 이미 한 번 우려낸 찻잎을 또다시 여러 차례 우려내 마실 수 있었기 때문에 노동자들에게도 큰 인기를 끌었다. 식탁에 식은 음식밖에 오르지 않아도 티를 함께 곁들이면 음식을 따뜻하게 먹을 수 있는 것도 중요한 평가 요소였다.

시인 윌리엄 쿠퍼(William Cowper, 1731~1800)는 1775년에 발표한 대작 시집 『과제(The Task)』(총 6권) 속에서 티를 '취하게 하지 않는' 음료로 묘사하였다. 자연주의자로 알려진 쿠퍼는 벽난로에 올린 티포트와 맑고 투명한 찻빛에서 마음의 평화를 느꼈을 것이다.

> 자, 불을 때고 뚜껑을 꼭 덮어
> 커튼을 내리고 안락의자를 돌려라
> 그리고
> 포트의 물이 부글부글 소리를 내며
> 포트에서 김이 오르고
> 또한 기운을 북돋우면서도
> 취하게 하지 않는 티가
> 각자를 기다리고 있다
> 아늑한 황혼을 맞이하련다.

세상에서도 인정을 받은 티는 영국에서 더욱더 빠른 속도로 확산되어 나갔다. 그와 동시에 티의 수출 대국인 중국과의 무역 분쟁도 심화되었다. 또한 티에 부과된 고액의 세금은 영국과 식민지인 미국 사이에 정치적인 마찰을 불러일으켰다. 이렇듯 티가 전 세계를 휩쓸면서 영국 티의 역사도 격동의 시대로 접어든다.

'가짜 티'에 속지 마라!

밀수 티가 시장에서 범람하던 18세기 초반에 영국에서는 '가짜 티'도 등장하였다. 티 상인들 중에는 티의 부피를 늘리기 위해 다른 나뭇잎을 섞거나, 이미 한 번 우린 찻잎을 건조시켜 다시 섞거나, 색상이 변질된 오래 묵은 찻잎을 녹반(황산염 광물)이나 염소 똥으로 착색시켜 판매하는 사람들도 있었다고 한다. 염소 똥을 물에 푼 뒤 이미 한 번 우려낸 찻잎을 넣었다가 건져서 말리면 신선한 녹차의 모습으로 탈바꿈되었다고 한다. 상류층의 가정에서 일하는 하인이 주인이 즐기고 난 찻잎을 몰래 자신의 집으로 반출하여 가짜 티의 상인들에게 팔아 용돈 벌이를 하는 경우도 많았다고 한다.

티를 동경하던 노동자 계층의 사람들은 대부분 진짜 티를 거의 마셔 본 일이 없었기 때문에 가짜 티를 가려낼 수 없었다. 쇼트 박사는 그의 저서 『티에 관한 논문』에서 "네덜란드인들은 자기들 나라에서 판매하다가 남은 저품질의 티와 커피 하우스에서 이미 한 번 우려낸 찻잎을 데운 뒤 함께 비비고 뭉쳐서 영국에 판매하고 있다"고 기술하고 있다. 이를 통해서도 알 수 있듯이, 가짜 티가 비단 영국의 티 상인들에 의해서만 만들어진 것이 아니라, 밀수 티 속에서도 가짜 티가 섞여서 버젓이 유통되었다는 사실이다.

존 코클리 렛섬(John Coakley Lettsom, 1744~1815)은 1772년에 그의 저서 『차나무 박물사(the natural history of the tea-tree)』에서 차나무의 식물학적인 특성, 티의 가공법, 티의 건강적인 효능 등에 관하여 소개하면서 티의 존재 가치를 높이 평가하였다. 『차나무의 박물사』는 18세기에 출간된 티 도서 중에서도 최고의 걸작으로 손꼽히고 있다.

문제의 심각성을 인식한 영국 정부는 1725년 그러한 범법자들로부터 가짜 티를 몰수하고 벌금을 부과하였다. 그러나 그 정도의 처벌로는 별다른 제지 효과를 내지 못하였다. 1766년에는 범법자들을 구속시키는 초강경 조치까지 단행하였지만, 가짜 티를 만드는 기술도 다양한 방법들로 나날이 발달하면서 19세기 중반까지 계속 이어졌다. 그런데 가짜 티로는 녹차의 녹색을 내기는 쉽지만, 약간 붉은 기운이 감도는 보히 티의 색상을 내기는 쉽지 않았다. 따라서 가짜 티를 감별할 능력이 없는 사람들은 처음부터 녹차보다는 보히 티를 찾게 되었고, 결과적으로 보히 티의 소비가 촉진되는 효과를 낳았다.

찻주전자와 티언

18세기 초까지 티 모임에서는 티포트에 물을 넣는 일이 하인들의 몫이었다. 중국산 티포트는 용적이 매우 작아 여러 차례에 걸쳐 물을 부어야만 했다. 벽난로의 불에 올린 주전자에서 끓인 물을 제때에 티포트에 따르는 데에도 신경이 상당히 쓰였다.

티 모임을 돋보이도록 하는 데 사람들이 신경을 더 많이 쓰면서 대저택에서는 철주전자가 아니라 은제 주전자에 물을 담아 놓도록 하였다. 점차 찻주전자도 램프가 딸린 삼각대에 올려놓고 안주인이 직접 적당한 시점에 뜨거운 물을 따를 수 있도록 방식도 변모해 나갔다. 그런데 테이블 위에서 물을 끓이면 종종 물이 끓어서 넘치는 사고가 발생하였다. 이러한 배경으로 보다 안전하면서도 더 많은 양의 물을 담을 수 있는 주전자인 '티언(Tea-urn)'이 1760년대에 처음으로 등장하였다.

티언은 뜨거운 물을 담아 놓기 위한 용기로서 내부에 뜨겁게 달군 철 막대를 넣어서 물을 보온하며, 꼭지를 틀어 물을 내렸다. 그러나 달군 철 막대는 시간이 지나면서 식기 때문에 램프가 딸린 찻주전자보다도 물의 온도가 빨리 내려갔다. 19세기에 접어들어 찻주전자의 인기가 다시 부활하면서 손님의 인원 수 등에 따라 두 가지 도구가 함께 사용되었다.

테이블 위에는 중국산 티포트가 놓여 있다. 하인이 순은제의 주전자로 물을 붓고 있다. 그녀의 오른쪽 작은 테이블 위에는 주전자를 올려놓기 위한 알코올램프가 달린 스탠드가 보인다/「티를 즐기는 영국의 어느 일가(An English Family at Tea)」, 요세프 반 아켄(Joseph Van Aken), 1720년작, 1954년판.

티언에서 김이 무럭무럭 솟아나고 있는 모습. 티언의 주둥이 밑에는 티포트가 놓여 있다/에드워드 헨리 코볼드(Edward Henry Corbould), 1851년판.

인기 일간 에세이 신문, 〈스펙테이터〉

일간 에세이 신문인 〈스펙테이터(The SPECTATOR)〉는 1711년 3월 1일, 리처드 스틸(Richard Steele, 1672~1729)과 조지프 어디션(Joseph Addison, 1672~1719)이 공동으로 창간하였다. 독자의 대상은 '버터를 바른 빵과 티로 아침식사를 하는 패셔너블한 가정'이었다. 발행 기간은 전기, 후기로 나뉘는데, 전기는 1711년 3월 1일에서 1712년 12월 6일까지(1~555호), 후기는 1714년 6월 18일에서 1714년 12월 20일까지이다(556~635호).

〈스펙테이터〉는 가상의 주인공인 스펙테이터와 함께 직업이 서로 다른 6명의 친구들(땅주인, 놀이꾼, 무역상인, 법률가, 교사, 군인)로 구성된 클럽을 무대로 그 시대에 일어난 다양한 사건들에 관하여 계층이 다른 등장인물들이 각자의 의견을 내는 형태로 구성되어 있다. 〈스펙테이터〉의 첫 번째 목표 대상은 가정주부였다. 남성들이 커피 하우스에서나 읽을 수 있던 신문을 이제는 일반 가정의 티 테이블에서도 누구나 볼 수 있도록 한 것이다. 〈스펙테이터〉의 제148호에는 커피 하우스에 관한 내용이 기록되어 있다.

커피 하우스에서는 귀찮은 손님들에게 설탕을 넣지 않은 녹차를 벌로 마시게 하였다고 기록하고 있다. 설탕이 들지 않은 녹차는 영국인들에게는 더할 나위 없이 쓴맛으로 느껴졌기 때문에 벌로는 제격이었다. 설탕을 별도의 접시에 담아 놓았다는 기록은 1710년대에 초호화 사치품이었던 설탕이 커피 하우스에서도 제공되었음을 알려 준다.

〈스펙테이터〉에서 묘사한 가정집에서 즐기는 티의 양식에는 두 가지가 있었다. 먼저 아침식사 시간에 가족들과 함께 마시는 티 양식과, 오후에 방문하는 친지들과 함께 즐기는 사교 스타일의 티 양식이다.

제212호에는 남편이 자신을 쥐고 흔드는 아내의 악착스러운 태도에 반격하는 의견을 투고한 내용도 지면에 실려 있다. 이로 인해 애꿎은 사태가 벌어졌다는 이야기도 전해진다. 아침의 티타임

새뮤얼 존슨 박사의 티타임. 가정에서는 남녀가 함께 티를 즐기면서 마셨다/1900년판.

에 〈스펙테이터〉를 가족들과 함께 조용히 교양 있게 읽고 있던 아내가 지면에 실린 기사가 자신의 내용인 것을 알아차렸다. 이어 남편에게 분노가 폭발하면서 부글부글 끓는 찻주전자를 아무 죄도 없는 하인에게 내던져 버렸다는 내용이다.

제328호에는 아내의 낭비벽으로 자신의 신세를 한탄하는 남성의 투고도 실렸다. 티 값은 용납이 되지만, 티 테이블을 꾸미기 위해 다기들도 이것저것 마구 구입해 버리면 지출이 상상을 초월할 정도여서 그 뒷감당이 어렵다는 내용이었다.

〈스펙테이터〉는 1714년에 종간된 뒤 단행본으로 출간되어 오늘날에는 18세기 사람들의 가치관과 일상생활을 엿볼 수 있는 훌륭한 자료로 활용되고 있다.

일간지 〈스펙테이터〉의 원본. 약 300년 전의 신문으로서 오늘날에는 귀중한 문화유산으로 남아 있다〈스펙테이터(The Spectator)〉, 1714년 7월 2일자호.

호가스의 풍자화

앞서 소개하였지만, 영국을 대표하는 풍자 화가이자 판화가인 윌리엄 호가스(William Hogarth, 1697~1764)는 가난한 교사의 아들로 태어나 은세공사의 도제식 제자, 판화가로 남 밑에서 일하다가 당시의 세태를 통렬히 풍자한 연작 회화를 발표하여 일약 유명 화가가 되었다. 그러한 호가스의 작품에는 티가 종종 등장한다. 정략결혼의 불행한 종말을 그린 「당세의 결혼 풍조(Marriage à-la-mode)」(1743~1745) 시리즈, 시골 처녀가 매춘부로 타락해 간다는 내용의 「매춘부의 편력(A Harlot's Progress)」(1731~1732) 시리즈, 강한 도수의 술인 진의 폐해를 잘 그린 「진 거리(Gin Lan)」(1751) 등에서는 영국 홍차의 역사를 살짝 엿볼 수 있다.

윌리엄 호가스의 자화상/윌리엄 호가스(William Hogarth) 1745년작, 1840년판.

사랑의 감정도 없이 정략적으로 결혼한 부부가 서로 불륜을 저지르는 당시의 결혼 생활을 풍자한 「당세의 결혼 풍조」 시리즈에서 두 번째 작품. 테이블에는 상류층임을 상징하는 티 도구들이 놓여 있다. 그릇은 티볼이다/「당세의 결혼 풍조 II(Marriage a la Mode Part II)」, 1743년~1745년작, 1840년판.

값싼 술인 진에 빠져서 신세를 망치는 사람들의 모습을 그려내 알코올에 대한 공포심을 불어넣었다. 그러한 면에서 티는 건강에 좋은 음료로 생각되어 호가스도 티 애호가였다/진의 거리(Gin Lane), 윌리엄 호가스(William Hogarth), 1751년작, 1863년판.

「당세의 결혼 풍조」 시리즈의 네 번째 작품이다. 남성 하인이 서빙하고 있는 그릇은 손잡이가 달린 찻잔이다. 손잡이가 달린 찻잔과 안 달린 티볼이 동시에 사용되었다는 사실을 두 그림을 통해 알 수 있다/「당세의 결혼 풍조 IV(Marriage a la Mode Part IV)」, 1743년 ~1745년작, 1840년판.

4대 티 가든

18세기에 '4대 티 가든'으로 유명하였던 '메릴르번(Marylebone)', '복솔(Vauxhall)', '쿠퍼스(Cuper's)', '래닐러(Ranelagh)'를 소개한다.

메릴르번

메릴르번 티 가든은 런던 서부의 '메릴르번 매너하우스(Marylebone Manor House)' 뒤편에 1650년에 개장하였다. 한복판을 가로지르는 가로수 길의 아름다움은 이미 사람들에게 정평이 나 있었다. 가면무도회를 개최하는 장소로도 관심을 끌었지만, 무엇보다도 티와 함께 제공된 '시드케이크(seedcake)'와 '플럼케이크(plum cake)'가 인기를 끈 가장 큰 비결이었다.

메릴르본 티 가든의 자랑거리인 가로수 길의 아름다움이 느껴진다/존 도너웰(John Donowlell), 1755년작, 1891년판.

복솔

정원 자체는 1660년 왕정복고가 있기 전에 이미 개장하였지만, '티 가든'으로 바뀐 것은 1732년의 일이었다. 위치는 템스강 남쪽 웨스트민스터교(Westminster Bridge)의 동쪽에 위치해 있었다. 드넓은 정원을 서로 연결하는 길가에는 야간에 어둠을 밝히는 수백 개의 가로등이 설치되었다. 중국식 사원, 은자의 암자, 밀수입자의 동굴, 연인들의 산책로, 음악의 숲 등이 조성되었고,

복솔 티 가든의 저녁 풍경. 달빛 속의 무대에서 공연이 펼쳐지고 있다/C. 마셜(Marshall), 1952년판.

미관을 해치지 않도록 지하에 설치된 오케스트라 박스에서는 우아한 음악들이 흘러나왔다. 이곳에서는 템스강 뱃놀이, 불꽃놀이, 기구 띄우기 등의 진귀한 행사들도 펼쳐졌다.

1850년 복솔 티 가든의 모습. 열기구를 띄우고 있다. 이 티 가든은 1859년에 폐쇄되었다/〈일러스트레이티드 런던뉴스(The Illustrated London News)〉 1850년 6월 29일자호.

쿠퍼스

정원사인 에이브러햄 쿠퍼(Abraham Boydell Cuper)의 이름을 따서 붙인 이 티 가든은 템스강 남쪽 워털루교(Waterloo Bridge) 근처에서 1691년에 개장하였다. 1738년에 대대적으로 개보수하면서 인기가 한층 더 높아졌다. 오후 6~10시까지 연주되는 오케스트라 음악과 정교하고도 화려한 불꽃놀이가 사람들로부터 큰 눈길을 끌었다.

래닐러

1742년에 첼시에서 개장하였다. 완만한 돔형의 천장을 지닌 지름 46미터의 거대한 원형 건축물이 사람들로부터 큰 눈길을 끌었다. 내부에는 벽을 따라 52개의 박스시트(box seat)가 배치되

1751년 래닐러 티 가든의 전경. 이 티 가든에서는 특히 뱃놀이가 인기를 끌었다/1854년판.

어 있다. 이것은 칸막이가 설치된 관람석으로서 유료였으며, 그 공간은 온 가족이 둘러앉아 티를 즐길 수 있을 정도였다.

박스시트를 사용할 수 없는 사람들도 배려하기 위해 중앙에는 큰 식탁이 비치되었다. 실내에서는 비가 오거나 날씨가 쌀쌀해지더라도 티를 편안하게 즐길 수 있었다. 1764년에는 당시 8세의 음악 신동, 볼프강 아마데우스 모차르트(Wolfgang Amadeus Mozart, 1756~1791)가 이곳에서 콘서트를 열었다는 기록도 있다. 래닐러는 수많은 티 가든들 중에서도 최고급에 속하여 부유층들이 고객의 주를 이루었다고 한다.

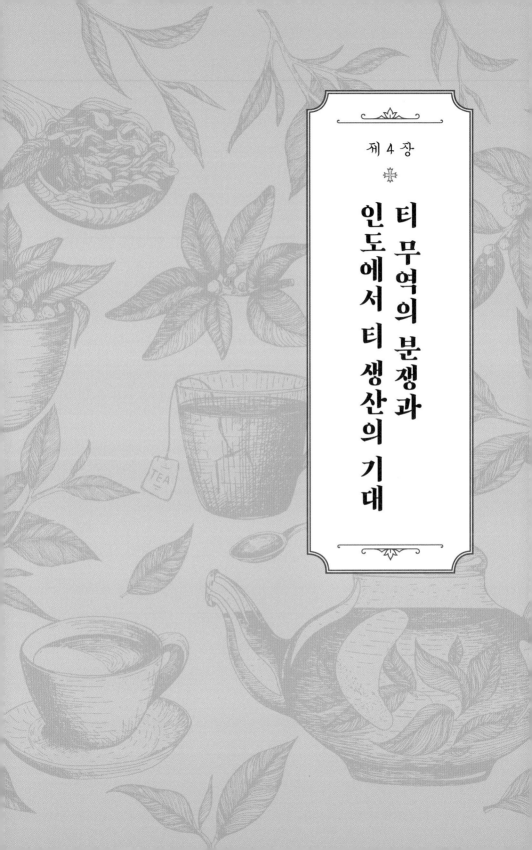

제 4 장

티 무역의 분쟁과
인도에서 티 생산의 기대

18세기 후반 영국의 티 무역은 여러 난관들에 직면하면서 순조롭게 진행되지 못하였다. 중국과는 무역 분쟁이 일어났던 한편, 당시 식민지였던 미국은 보스턴 티 파티 사건을 계기로 전쟁을 일으켜 영국으로부터 독립을 쟁취하였던 것이다. 티 보급은 이제 영국 국내의 문제를 넘어 서서 외국 세력들과도 경쟁해야 하는 거대한 국제 무역으로 발달하였다.

중국과의 무역 분쟁

　18세기 후반, 순조로워 보이던 영국 동인도회사의 무역은 좌초에 부딪쳤다. 첫 번째 나쁜 소식은 티의 수출국인 중국에서부터 날아왔다. 중국 국내에서 강희제(康熙帝, 1654~1722)를 이어 건륭제(乾隆帝, 1711~1799)가 등장하여 최전성기를 맞았던 청나라가 1750년대에 이르러 국내 통치에 집중하기 위해 영국을 비롯한 서양 국가에 대해 무역의 제한 조치를 선언한 것이다.

　1757년 영국에 허락된 무역항은 '광저우(廣州)' 하나뿐이었다. 이와 함께 광저우에서 체류 기간도 4개월로 단축되었고, 거주지도 특정 구역으로 제한되었으며, 또 거래처도 정부가 허가한 공상으로 제한되었다. 그 밖에도 또 다른 티 거래국인 일본은 도쿠가와 막부의 쇄국 정책으로 인해 무역을 오직 나가사키의 인공 섬인 데지마에서만 할 수 있었다. 또한 데지마에 입항하는 선박의 수와 연간 무역액이 엄격히 통제되었기 때문에 무역의 확대는 더더욱 기대할 수 없는 상황이었다. 그러한 무역 상황 속에서 중국은 아무리 까다로운 조건을 제시하더라도 영국에 있어서는 결코 놓칠 수 없는 중요한 교역국이었다.

　또 하나 영국 정부를 괴롭힌 것은 다름 아닌 중국에 대한 무역의 적자였다. 당시 영국이 중국에서 구입한 것은 티를 포함하여 도자기와 비단 등 고가의 상품이었다. 반대로 영국이 중국에 수출할 수 있던 상품은 중국산이 아닌 상품으로 제한되었기 때문에 영국산 모직물, 시계, 장난감과 인도산 면화 등의 상품이었다. 그런데 이와 같은 상품들은 티나 도자기에 비해 가격이 훨씬 더 저렴한 상품이었다.

　당시 영국은 중국에 대한 티의 수입 대금으로 '은'을 사용하였고, 무역

금액의 불균형으로 인해 영국 내에서는 은의 품귀 현상이 벌어져, 결국 은의 가격이 폭등하는 경제적인 혼란마저 가중되었다. 이렇듯 중국과의 무역 적자가 지속적으로 확대되면서 마침내 영국은 동인도회사뿐만 아니라 국내 경제까지도 점점 더 파국으로 치달았다.

미국으로 이민을 온 사람들 중에는 성공을 거두어서 영국인들 못지않게 티타임을 즐기는 사람들도 있었다. 루이자 메이 올컷(Louisa May Alcott, 1832~1888)의 명작인 『작은아씨들(Little Women)』 (1868년)의 무대이기도 한 미국 매사추세츠주의 콩코드뮤지엄에서/「새멀스 일가(The Samels Family」, 존 엑스타인(John Eckstein) 1788년작.

아메리카 대륙의 식민지 미국, 티 세금에 시달리다

영국은 다른 여러 나라들을 압도하는 기세로 식민지 경영을 추진하여 18세기 중반에서 19세기에 이르러 최전성기를 맞았다. 1664년 아메리카 대륙의 일부가 영국의 식민지로 편입된 뒤로 이주 희망자들이 속속 영국에서 미국으로 건너갔다. 이민자들은 대부분이 중산층의 청교도들이었지만, 그 출신지는 매우 다양하였다. 그러한 수많은 이민자들은 저마다 희망을 안고 꿈을 이루기 위하여 끊임없이 노력을 경주하였다. 그들의 꿈은 '영국 상류층의 사람들과 같은 생활을 누리는 것'이었다.

영국인과 미국인이 서로 대립하는 모습을 유럽, 아메리카, 아프리카, 아시아를 대표하는 사람들이 지켜보고 있다. 영국인과 미국인 사이에는 불을 내뿜는 티포트가 상징적으로 그려져 있다. 이 티포트는 미국의 독립 전쟁을 의미한다/「티세의 폭풍(The Tea-Tax Tempest)」, 카를 고틀리프 구텐베르크(Carl Gottlieb Guttenberg) 1778년작, 1903년판.

고가의 티를 사치스러운 동양 자기로 즐기는 티 모임은 당시에 벼락 출세의 가시적인 지표였으며, 미국에서도 티를 마시는 일은 이제 사회적인 신분 상승의 상징이 되었다. 1750년에는 영국의 4대 티 가든인 '복솔'과 같은 이름의 티 가든이 개장하였다. 그런데 미국에서는 영국에서와는 달리 수질이 좋지 않았다. 이 같은 배경으로 미국에서는 '티 워터 펌프'가 발명되었고, 또한 깨끗한 물을 실은 마차를 끄는 물장수의 모습도 거리의 풍물이 되었다. 이렇듯 영국이 미국에 티를 수출하여 벌어들이는 이익은 영국의 세수에서 막대한 비중을 차지하게 되었다.

그러나 1750년 중반 영국은 유럽의 7년 전쟁(1756~1763)과 프랑스와 북아메리카의 식민지 획득 전쟁을 치르면서 승리를 거두었지만 엄청난 부채를 떠안는 결과를 맞았다. 아울러 대중국 무역 적자로 인해 국내 경제의 상황도 악화일로에 있었기 때문에 영국은 그 타개책으로 부채를 식민지에 전가시켰다. 그 일환으로 미국에는 1764년에 '설탕법(Sugar Act)'을 시작으로 1765년에 '인지세법(Stamp Act)'을 적용하였다. 이 인지세법은 신문, 브로슈어, 카드, 심지어 졸업장에 이르기까지 일상생활에 사용되는 거의 모든 종이류에 인지를 붙여 세금을 거두는 조세법이었다. 이는 당시 식민지였던 미국 내에서 거대한 저항을 불러일으켰다.

당시 미국에서는 이민자들이 아무리 막대한 부를 축적할지라도 오늘날 국민의 기본권인 참정권이 결코 인정되지 않았다. 일방적인 과세에 강력히 반발한 식민지 사람들은 이들 과세에 반대하고 자신들의 지위를 향상시키기 위해 '대표 없이 조세 없다(no taxation without representative)'(훗날 국민의 대표인 의회의 승인 없이는 조세가 부과될 수 없다는 '조세법률주의'의 기본 원칙이 된다)는 슬로건을 내걸고 단결하였다. 당시의 이민자들은 비록 머나먼 타향인 미국에 거주하지만 영국인으로서의 자부심이 대단하였다. 이 같은 상황에서 '고국에서는 국민들에게 부여되는 기본적인 권리가 단지 미국에 거주하고 있다는 이유로 인정되지

영국인들이 집단적으로 한 미국인에게 세금이 부과된 티를 억지로 마시도록 하고 있다. 이에 저항하는 미국인은 더 이상 견디기 힘들어 티를 입에서 쏟아내고 있다/「타링 앤 페더링(Tarring & Feathering), 작자 미상 1774년작, 1873년판. 참고로 '타링 앤 페더링'은 집단적인 고문과 공개적인 망신을 안겨주는 폭력 행위를 뜻한다.

않는다?'는 강한 의문과 분노가 표출된 것이다. 당시 소규모의 장사로 시작하여 거대한 사업을 일으켜 나름대로 부를 성취하고 성공한 사람들 중에서도 일부는 신분을 '선원'이나 '농민'으로 가장하여 저항 활동에 적극적으로 가담하였다는 뒷이야기도 전해진다.

설탕법과 인지세법은 식민지 내의 거센 저항과 직면하면서 결국에는 폐지되었다. 그런데 영국 정부는 그 우회적인 방책으로서 '타운센드법(Townshend Acts)'을 1767년에 제정하였다. 그 법률명은 당시 재무장관이었던 찰스 타운센드(Charles Townshend, 1725~1767)가 발의한 데서 유래되었다. 영국 정부는 식민지 사람들이 '인지세법'에 거세게 반발한 데 대하여 그것이 '직접세(납세의무자와 실제 세금부담자가 일치하는 세금)'였기 때문이라고 생각하였다. 따라서 관세(수입세)와 같은 '간접세(납세의무자와 실제 세금부담자가 다른 세금)'라면 별다른 문제가 없을 것으로 판단하고, 티, 종이, 도자기, 유리, 납 등의 물건에 대하여 관세를 수입업자들에게 부과하였다. 이때 관세의 부과 대상인 상품들은 미국에서는 생산되지 않으면서 영국 이외의 나라로부터는 수입이 금지되는 물건(금수조치품목)들이었다. 이러한 타운센드법은 식민지 사람들의 불만을 더욱더 증폭시켜 나갔다.

타운센드법의 철폐를 촉구하는 식민지의 무역 관계자들은 타운센드법으로 관세가 부과되는 영국산 상품들에 대하여 불매 운동을 시작하였다. 식민지 내의 강력한 반발로 인해 타운센드법에 따른 관세는 1700년에 결국 철폐되기에 이른다. 그럼에도 티 품목에 대한 관세만큼은 그대로 유지되었다. 티는 당시 다른 상품들 중에서도 초호화 사치품으로서 매우 특별히 다루어졌고, 상류층 사회의 사교장에서는 필수품으로 취급되어 관세를 높이 매겨도 수입은 줄지 않을 것으로 내다보았기 때문이다. 그런데 티는 이미 미국 내에서 상류층의 사교장뿐만 아니라, 일반 가정에서도 필수품으로 자리를 잡아 가고 있었기 때문에 티에 대한 관세는 큰 화근의 불씨가 되었다.

결국 '티의 관세 부과'는 영국 본국에서 가하는 압제의 상징이 되면서 미국 내의 수많은 사람들이 보이콧 운동을 펼친 결과, 밀수가 크게 성행하였다. 당시 영국에서 티의 밀수가 성행한 것과 마찬가지로, 미국에서도 네덜란드와 프랑스로부터 다량의 티가 밀수되었다. 또한 당시 미국 내의 소비자들이 영국 티의 보이콧 운동에 적극적으로 나서면서 영국의 동인도회사는 급기야 재정적인 위기를 맞게 되었다.

이러한 사태는 영국 정부로서는 정말 뜻밖의 일이었다. 영국 티의 보이콧 운동은 이른바 '논티(non tea)'로 불리면서 진행되었고, 미국의 여성들은 영국산 상품의 불매 운동과 함께 미국산 상품의 소비 운동을 적극적으로 펼쳐 나갔다. 예를 들면 일반 가정에서 사용하는 물품들은 미국산 물품으로 대체하여 사용하였고, 또한 옷을 자급자족하기 위해 누에꼬치로부터 실뽑기(토사) 대회도 개최하였다. 특히 집회 장소에서는 저항의 표현으로 '허브티(herbal infusion)'에 '자유티(liberty tea)'라는 이름을 붙여 판매하였다고도 전해진다. 그런데 당시에는 티에 약효가 있다고 믿으면서 의약용으로 구입하는 사람들도 아주 많았다. 그런 사람들을 위해서는 반영국 기치를 내건 정치 단체들로부터 억울하게 탄압을 받지 않도록 각 단체들이 특별 허가서를 내주는 등의 사려 깊은 활동들도 동시에 펼쳐나갔다고 한다.

영국 정부는 1773년 새로운 법률인 '티조례(Tea Act)'를 제정하였다. 영국의 동인도회사는 재고가 완전히 소진될 때까지 무관세로 티를 미국 내에서 독점적으로 판매할 수 있다는 내용이었다. 이로써 영국의 동인도회사는 과잉 재고를 해소할 수 있고, 미국 식민지의 소비자들은 티를 무관세로 밀수품보다 싸게 구입할 수 있어, 따라서 양자에게 모두 이익이 될 것으로 내다보았다. 그럼에도 불구하고 미국 식민지의 사람들은 전혀 납득하지 않았다. 티조례가 엄연히 영국 동인도회사에 특권적인 이익을 가져다주는 것이 분명하고, 근본적인 문제는 이민자들의 의사가 전혀 반영되지 않는 영국 본국의 차별적인 정치 제도 그 자체에 있었기 때문이다. 그로 인해 티조례에 대한 저항 의식은 점차 들불처럼 번져 나갔다.

보스턴 티 파티 사건

1773년 12월, '티조례'가 제정된 뒤 처음으로 티를 선적한 영국 동인도 회사의 선박이 미국의 항구 네 곳에 도착하였다. 그러나 네 항구들 주변에서도 영국 정부의 방침에 대해 저항 운동이 일고 있었기 때문에 티는 하역되지 못하거나 보세 창고에 봉인되면서 판매도 실질적으로 이루어지지 못하였다.

보스턴항에서는 매년 '보스턴 티 파티'의 사건이 일어난 12월 16일에 기념행사가 열린다. 사진은 1986년 12월 16일자의 소인이 찍힌 기념품이다. 우표의 디자인도 '보스턴 티 파티'의 사건을 다루고 있다.

그중 보스턴항에도 세 척의 선박이 입항하였다. 그러나 보스턴 시민들이 티의 하역을 강력히 저지하면서 영국 선박들에 대해서도 회항할 것을 요구하였다. 시민들의 거센 분노를 염려한 세 선박의 선장들은 영국으로 회항하려는 시도에 나섰지만, 이를 위해서는 항만 운영 당국의 허가가 필요하였다. 그런데 항만 운영 당국의 관리는 영국 정부에서 파견된 관리들이기 때문에 결코 허가를 내주지 않았다. 결국 선박들은 보스턴항에 묶여 버리고 말았다.

　선박의 정박에 관하여 최고한 기한인 12월 16일 운명의 밤, 미국 매사추세츠주 보스턴시의 '올드사우스미팅하우스(Old South Meeting House)'에서는 반영국 기치를 내건 북아메리카 13개 식민지의 애국 급진파 단체인 '자유의아들단(Sons of Liberty)'이 대규모의 집회를 열었다. 집회가 끝난 뒤, 자유의아들단 회원들은 세 그룹으로 나누어 야밤을 틈타 선박들을 습격하였다. 습격에 나선 이들은 모두 약 50~60명 정도에 불과하였

'보스턴 티 파티 사건'을 회고해 그린 그림이다. 선박에 승선한 자유의아들단의 모습은 미국의 원주민인 모호크족(Mohawk)의 모습으로 표현되어 있다/「보스턴항의 티 파괴(The Destruction of Tea at Boston Harbor)」, 너대니얼 커리어(Nathaniel Currier)의 1846년작.

고, 신분이 드러나지 않도록 아메리카 원주민으로 가장하였다. 약 3시간에 걸쳐 선박에 실려 있던 342개의 티 박스를 모두 도끼로 부순 뒤 바다로 내던져 버렸다. 당시 현장을 지켜보던 사람들의 증언도 다음과 같은 기록으로 남아 있다.

추위 속(보스턴의 12월 평균기온은 영하의 기온이다)에서 이 소식을 들은 수천 명의 사람들이 그 광경을 가만히 지켜보았고, 보스턴항에는 티 박스를 마구 부수는 소리만이 정적을 깨면서 퍼져나갔다.

당시 이 광경을 목격하였던 수많은 시민들은 이번 사건을 계기로 앞으로 영국과의 관계가 더욱더 악화될 것으로 예상하면서 고국과의 결별도 각오하였는지도 모른다.

이 사건은 '보스턴 티 파티(Boston Tea Party)' 사건으로 언론에 대서특필되었다. 파티(Party)에는 '정당', '무리'라는 뜻도 있고, '연회', '잔치', '파티'라는 뜻도 있다. 그런데 이 사건이 '보스턴 티 파티(티 정당)'가 아니라, '보스턴 티 파티(티 연회)'로 불리게 된 이유는 당시 습격에 참여한 시민들이 "(티를 항구(포트)에 던져 넣어) 보스턴항을 티포트(티 도구인 티포트 또는 티 항구라는 중의법)로 만들어 주었다", "영국 국왕 조지 3세(George III, 1738~1820)를 위한 티 파티였다" 등의 과격한 농담을 던졌기 때문이라고 한다.

물론 이 사건을 미국의 모든 시민들이 다 긍정적으로만 생각한 것은 아니다. 당시 정치가이자 철학자인 벤저민 프랭클린(Benjamin Franklin, 1706~1790)은 사재를 들여 바다에 내던져진 티의 대금인 100만 달러에 대한 배상을 시도하였던 것으로도 유명하다. 결국 배상은 이루어지지 않았지만, 티를 내던지는 폭거에 나선 '자유의아들단'의 과격한 행동에 대하여 큰 의문을 지닌 사람들이 있었던 것도 사실이다.

한편, 영국에서는 이 사건에 대하여 "식민지에서 과격 단체가 모종의 음모를 꾸민 뒤, 영국의 상선을 습격하고, 그 화물을 강탈한 뒤 폐기하였다"고 언론에 보도되면서 영국인들은 큰 충격에 빠졌다. 당시 영국 사람들의 대다수는 식민지인 미국을 낮추어 보았기 때문에, '대체 그런 사태가 왜 일어났는지'에 대해 매우 의아하게 생각하였다.

보스턴 티 파티 사건이 발생한 뒤 영국 정부는 과세 조치에 대하여 사과문을 발표하지 않고, 오히려 군대를 동원해 보스턴 시민들을 무력으로 제압하려고 하였다. 이와 같은 영국의 조치에 화가 난 식민지 대표들은 펜실베이니아주 필라델피아에서 제1차대륙회의를 개최하여 영국과의 경제적인 단절을 결의하였다. 이로 인해 1775년 바야흐로 미국의 독립전쟁이 발발하였다. 부와 성공의 상징이었던 티가 미국 독립의 결정적인 계기가 된 것이다.

1775년 4월 18일 밤에 영국군의 동선을 렉싱턴 지역의 동지들에게 알리기 위해 말을 타고 내달리는 폴 리비어의 모습/보스턴 티파티 선박 · 박물관(Boston Tea Party Ship and Museum) 소장.

미국의 독립 전쟁에서 식민지 측의 영웅으로 떠오른 사람으로 폴 리비어(Paul Revere, 1735~1818)가 있다. 1775년 식민지 측의 무기고였던 렉싱턴(Lexington) 지역에 대한 영국군의 침공 계획을 재빨리 알아차린 리비어는 보스턴에서 렉싱턴까지 말을 타고 쏜살같이 달렸다. 리비어의 활약으로 영국군의 동선 계획을 파악한 식민지군은 독립전쟁의 최전선인 렉싱턴에서 전투를 벌여 대승을 거두었다. 이 전령 이야기는 헨리 워즈워스 롱펠로(Henry Wadsworth Longfellow, 1807~1882)의 「폴 리비어의 말 달리기(Paul Revere's Ride)」(1861)라는 작품을 통해 지금도 미국에서 전해지고 있다.

사실 리비어는 티 애호가였다. 그의 부친은 보스턴에서 은제품 장인으로 일하였고, 리비어도 그 뒤를 이어갔다. 리비어의 은세공 제품은 매우 화려하고 아름다워 인기가 높았다. 그러나 영국과의 분쟁이 격화되면서 사치스러운 은제품으로 티를 즐기는 일이 이제는 죄악시되면서 가업이 쇠퇴하기에 이르렀다. 더욱이 리비어는 자유의아들단에 참여하여 저항 활동에 나섰다.

또한 리비어는 1773년 보스턴 티 파티 사건에도 가담하였다. 당시 보스턴안전위원회의 전령사로서 말을 타고 뉴욕과 필라델피아로 가서 정치적인 정보를 전하는 임무를 수행한 것이다. 이 내용을 작품으로 담은 것이 바로 앞서 소개한 「폴 리비어의 말 달리기」이다.

미국은 1776년에 독립을 선언하였지만, 영국은 7년 뒤인 1783년에 미국의 독립을 인정하였다. 오랫동안 전쟁이 지속되면서 미국에서는 티의 소비가 점점 더 줄어들었다. 또한 1812년에서 1814년에 걸친 '영미 전쟁'으로 양국의 무역은 완전히 마비되었고, 미국에서 티 소비는 더욱더 감소되었다.

보스턴미술관 안에는 은세공사 폴 리비어가 만든 수많은 은
제품들이 전시되어 있다. 오른쪽은 폴 리비어의 유명한 초상
화이다. 책상 위에 놓여 있는 물건들은 은세공에 사용되는
도구들이다. 아직 세공되지 않은 은포트를 손에 들고 고뇌
에 잠긴 리비어. 세공 작업의 여부, 티 세금의 수용 여부, 티
의 음용 여부, 주권 개진의 여부에 대하여 고민하는 리비어
의 모습은 당시 미국인들이 겪었던 갈등을 잘 그려내고 있다/존 싱글턴 코플리(John Singleton Copley)의
1768년작.

이로써 미국은 한동안 티를 마시지 않는 나라가 되었다. 덧붙여 설명
하면, 같은 북미 대륙의 식민지 중에서도 미국과는 대조적으로 영국의
식민지로 남겠다고 한 나라가 바로 오늘날의 캐나다이다. 미국에 살던
친영 세력의 대부분은 이 시대에 캐나다로 망명하였다. 이러한 배경으로
캐나다에서는 지금도 영국의 티 문화가 뿌리 깊게 남아 있다.

트와이닝스의 새로운 후계자와 조지 워싱턴과의 면담

티 감세법을 영국 수상인 피트에게 단도직입으로 말하여 티의 가격을 낮췄던 리처드 트와이닝은 국민들로부터 큰 신망을 얻었다. 리처드는 1810년 영국 동인도회사의 이사에 추대된 뒤 티 무역의 확대에 지대한 공헌을 하였지만 1824년에 유명을 달리하고 말았다. 그의 아들 토머스 트와이닝(?~?)는 1796년에 필라델피아에서 미국 초대 대통령인 조지 워싱턴(George Washington, 1732~1799)과 면담하였다. 워싱턴은 보스턴 티 파티 사건 전부터 티 애호가였으며, 독립 전쟁이 끝난 뒤 수많은 사람들의 기호가 커피쪽으로 기울어 가는 가운데 다시 티를 마시는 습관을 가졌다. 워싱턴이 토머스와 면담을 나눈 것은 대통령직에서 물러난 지 3년이나 지난 시점이었다. 당시 두 사람은 정치 문제를 허심탄회하게 나누었고, 워싱턴이 먼저 토머스에게 저녁에 티타임을 갖자고 제의하였다고 한다. 그런데 이미 선약이 있었던 토머스는 워싱턴의 티타임 제의를 정중히 거절해 버린 것이다. 훗날 토머스는 "그러한 제의의 거절은 대단히 부적절한 것이었고, 또 사려 깊지도 못한 행동인 것으로서 깊이 후회하고 있다"는 내용의 글을 남겼다고 한다. 영국의 전통 티 업체인 트와이닝스의 새로운 후계자와 미국의 초대 대통령인 조지 워싱턴과의 티타임. 그러한 역사적인 만남이 실현이 되지 못한 것에 큰 아쉬움이 남는다.

폴 리비어의 사인이 새겨진 위스키 병. 이 위스키 업체는 리비어의 사인을 통해 훌륭한 은그릇을 만든 리비어의 장인 정신 못지않게 위스키를 훌륭하게 만들고 있다는 강한 자부심을 광고하고 있다/위스키 올드테일러(Old Taylor)의 포스터, 1935년작.

티 감세법 통과와 늘어난 무역 적자

식민지 미국의 독립을 야기한 티의 관세는 영국에서도 심각한 문제로 대두되었다. 영국에서 티는 이미 1660년부터 사치품으로 분류되어 과세의 대상이 되었다. 미국의 독립전쟁이 끝난 뒤 영국은 전쟁 비용을 마련하기 위하여 그 세율을 해마다 높였다. 급기야 1784년에는 119퍼센트라는 상상을 웃도는 세율로 치솟았다. 티의 수입은 1721년부터 이미 영국의 동인도회사가 독점한 상태였다. 그러나 동인도회사로부터 티를 정식으로 구입하면 판매가도 상당히 높일 수밖에 없었다. 따라서 시장에서 유통되는 대부분의 티는 정식으로 수입된 고가의 티가 아니라, 네덜란드에서 밀수된 저가의 티였다.

이 당시에 밀수의 규모가 상당하였기 때문에 정식으로 수입 절차를 거친 티 소매상에서는 판매가 매우 부진하였다. 결과적으로는 정부의 조세 수익도 기대에 턱없이 못 미쳤다. 이 상태로는 영국에서도 보스턴 티

영국 동인도회사의 선착장. 수많은 선원들과 티를 구입하러 온 상인들로 붐비는 모습/〈일러스트레이티드 런던뉴스(The Illustrated London News)〉 1867년 10월 26일 자호.

파티 사건과 같은 격한 분쟁이 일어나지 않으리라는 보장이 없었다. 트와이닝스의 4대째 운영자인 리처드 트와이닝(Richard Twining, 1749~1824)은 30대의 젊은 경영인 이었지만, 티 사업단체의 회장직도 겸임하고 있었다. 리처드는 당시 수상이었던 윌리엄 피트(William Pitt Younger, 1759~1806)에게 티 세금 제도의 개선을 요청하였다. 일개 티 상인이 감히 대영 제국의 수상에 진언을 올리다니 뻔뻔하기 그지없다는 비난의 목소리로 있었지만, 리처드는 티 산업의 미래를 위해서라면 목숨을 걸 각오로 "티

윌리엄 피트는 24세의 나이로 영국의 최연소 총리가 되었다/애프터 고피뉴(After Goffineau) 1809년작. 1899년판.

세금을 철폐한다면, 그로 발생하는 세입 손실에 대하여 티 업체들이 4년 뒤 책임을 지고 보상금을 국고에 납입하겠다"고 제안하였다. 몇 차례의 논의 끝에 1784년 피트 수상이 일명 '감세법(Commutation Act)'을 통과시켜 티 관세는 119%에서 약 10분의 1인 12.5%로 인하되었다.

트와이닝스는 1787년 "감세법이 통과되기 전 10년간 회사의 연평균 티 거래량은 600만 파운드(약 2700톤)였지만, 통과된 뒤에는 1년 동안의 거래량이 1만 6000만 파운드(약 7200톤)로 늘었다"고 보고하였다. 이는 정식 절차를 통해 수입한 티의 판매량이 늘어났다는 사실을 보여준다. 영국 동인도회사의 티 가격이 하락함으로써 사회적인 문제로 떠올랐던 밀수 티의 필요성이 사라지면서 밀수 업체들도 줄어들었다.

이렇게 좋은 결과가 초래된 반면, 티의 수요가 증가함에 따라 영국의 동인도회사도 티의 수입량을 더욱더 늘려야만 하였다. 이로 인해 중국과의 무역 적자는 더욱더 확대되었다. 이러한 큰 모순을 심각하게 받아들인 영국 정부는 중국 정부에 '자유무역의 권리'와 '무역항의 확대'를 서면

건륭제를 알현하는 머카트니의 발밑에는 영국이 황제에게 올리는 선물용 장난감이 놓여 있다. 중앙 부에는 찻주전자와 찻잔을 올려놓은 쟁반을 받쳐 든 하인의 모습도 보인다/제임스 길레이(James Gillray) 1792년작, 토요분코(東洋文庫)박물관 소장.

으로 요청하였지만 거부당하였다. 그 뒤 1793년에 대면 협상을 위하여 전권대사 조지 머카트니(George Macartney, 1737~1806)를 중국에 파견하였지만 결국 협상은 결렬되었다.

여기에는 머카트니 대사의 태도도 한몫한 것으로 보인다. 당시 청나라의 황제인 건륭제가 신하가 황제에게 갖춰야 할 중국식 의례인 '삼궤구고두례(三跪九叩頭禮)'(세 번 무릎을 꿇고 아홉 번 머리를 조아리는 의례)를 요구하였지만, 머카트니 대사는 영국이 대등한 무역 당사국이라는 사실을 내세워 영국식으로 무릎을 꿇고 건륭제의 손등에 키스하는 예식으로 그쳤다. 이로 인하여 황제의 심기가 어지럽혀졌다면서 비판을 가하는 사람들도 있었다. 그러나 머카트니 대사가 기록한 일기에는 체류하는 동안에 영국 사람들이 티에 우유를 넣어 마시는 습관이 있다는 사실을 안 중국 당국이 영국 사절단을 위하여 암소 한 마리를 준비해 주었다는 기록

얼 그레이의 탄생

대중국 무역의 적자가 심각하였던 시대에 중국을 방문한 영국 외교사절단의 일원이 귀국하면서 들여온 티가 있었다. 이 티는 당시 외교장관이었던 찰스 그레이(Charles Grey, 1764~1845) 백작에게 헌상되었다. 그레이 백작은 티에서 풍기는 이국적인 향에 감동한 나머지 비슷한 향을 내는 티를 만들라는 지시를 티 상인에게 내렸다. 이렇게 하여 탄생한 것이 오늘날의 대표적인 플레이버드 티인 '얼그레이(Earl Grey)'이다. 당시에는 오늘날같이 에센셜 오일을 착향하는 방법이 없었기 때문에 주로 베르가모트(bergamotte)나 감귤 등의 껍질을 녹차나 보히 티에 블렌딩하여 만들었을 것으로 보고 있다. 그 얼 그레이를 최초로 개발하였다고 주장하는 업체들도 오늘날 많지만, 딱히 특허 기록이 없기 때문에 개발 업체를 특정할 수는 없다. 트와이닝스도 당시 그레이 백작 가문에서 주문을 받고 얼 그레이를 납품하였다고 전해진다.

찰스 그레이 백작의 초상화. 2008년에 개봉된 미국·영국의 합작 영화 「공작부인(Duchess) : 세기의 스캔들」에서는 젊은 시절의 그레이 백작이 등장한다/ 토머스 로렌스경(Sir Thomas Lawrence) 1828년작, 1844년판.

이 있는 것으로 보아서, 영국 사절단을 대한 중국 당국의 대우는 결코 나쁘지 않았을 것으로 생각된다.

중국과의 무역을 포기할 수 없었던 영국은 그 뒤 세 차례에 걸쳐 외교 사절단을 중국에 파견하였지만, 중국 당국, 즉 청나라 조정은 결코 응하지 않았다. 청나라 황제가 영국 왕에 보낸 서한에는 "귀하의 사절단이 직접 눈으로 보신 것처럼, 우리는 모든 제품을 이미 갖추고 있다. 귀국의 제품은 필요치 않다"라며 분명히 잘라 말하였다.

영국은 무역 적자의 확대를 막기 위한 대책이 더 이상 지체할 수 없을 정도로 절실하였다. 은과 교환할 수 있는 고액의 수출품이 필요한 상황이었다. 여기에 적합한 상품으로 떠오른 것이 가벼우면서도 쉽게 부패하지 않고 수익성도 보장되었던 인도산 아편이었다.

영국은 1790년대에 이르러 식민지 인도에서 구한 아편을 중국으로 밀수출하여 그 판매 대금으로 티를 수입하는 '아편 무역'을 시작하였다. 그런데 영국의 동인도회사는 인도에서 중국으로 아편을 운반하는 선박과 함께 중국 밀수 조직과의 협상인, 심부름꾼을 비롯해 모든 인력을 민간 업체에 위탁하였다. 이를 구실로 자신들은 인도에서 아편을 재배하고 이익을 얻고는 있지만 중국에 아편을 들여오지는 않았다고 표면상으로 주장하였다. 영국의 동인도회사는 이렇게 겉으로 아편 무역에 관여하지 않는 모양새를 취하면서 벌어들인 막대한 금액으로 중국의 티를 계속하여 구입하였다.

밀수로 반입된 아편은 상류층에서 하류층에 이르기까지 폭넓은 계층의 중국인들을 몽롱한 황홀감에 빠지도록 만들었다. 수요가 증가함에 따라 중국의 아편 수입량도 기하급수적으로 증가하였다. 이때부터는 티, 도자기, 비단을 수출하여 얻은 은으로는 도저히 아편 대금을 충당할 수 없었고, 급기야는 영국으로부터 대금 지급을 재촉당하는 지경에까지 이르렀다. 바야흐로 1820년대에는 양국의 무역 수지가 역전되었다.

인도에서 티 생산의 기대

18세기 후반 티 세금으로 불거진 문제들과 보스턴 티 파티 사건으로 인해 영국 내에서도 영국 동인도회사의 티 무역 독점에 대하여 거센 반발들이 일어났다. 19세기 들어서는 그러한 시대적인 요구를 억누를 수 없게 되면서 1813년에는 인도 무역이, 1833년에는 중국 무역이 자유화되었다. 자유 무역의 금지가 해제된 날에는 리버풀, 브리스톨, 에든버러, 글래스고 등 영국의 지방 항구에서 일확천금을 꿈꾸는 선박들이 중국과 인도를 향해 일제히 출항하였다. 이때부터 중국의 녹차와 보히 티를 거래하는 티 무역상사들이 런던을 포함해 지방 곳곳에서 속속 등장하였다.

이와 함께 수많은 업체들은 티 무역의 무한한 가능성에 큰 기대를 걸었다. 그러나 티 무역은 어디까지나 아편 무역이라는 비도덕적인 상법에 기초하여 성립된 것이다. 이러한 배경으로 영국에서는 향후 티 소비량이 더욱더 증가할 것으로 보이는 가운데, 더 이상은 중국과의 티 무역에만 의존할 수 없고, 지속적으로 티를 확보하기 위해서는 차나무의 재배에 나서야 한다는 의견들이 나오기 시작하였다. 이로 인해 당시 영국의 식민지였던 아시아 지역에서 차나무의 재배에 대하여 지대한 관심을 보였다.

1787년, 영국은 경제적으로 고부가가치가 있는 식물과 관상식물의 보급을 위한 연구 및 조사 목적으로 인도 서벵골주 콜카타 지역에 콜카타 식물원(Kolkata Botanical Gardens)을 세웠다. 그리고 19세기 들어서는 영국의 수많은 식물학자들이 중국으로 밀입국하여 당시 중국 정부가 반출을 일절 금지한 식물들의 묘목이나 씨앗들을 밀반출하였다. 일종의 산업 스파이 행위였던 셈이다. 이러한 식물들은 영국까지 선박으로 운송하는 도중에 손실될 우려가 있었기 때문에 중국에서 비교적 가까운 인도의 식

인도의 콜카타에서 사진으로 촬영된 아편 생산 현장의 모습/『퀸즈 엠파이어(The Queen's Empire)』 1897년판.

중국의 청나라에서는 아편의 수입량이 늘어났다. 심지어 아편을 흡입할 수 있는 무역관도 생겨났다/〈일러스트레이티드 런던뉴스(The Illustrated London News)〉1858년 11월 20일자호.

물원으로 반입하였다. 심지어 영국 외교 사절단의 일원들도 중국에서 차나무를 몰래 들여왔다는 기록도 있다. 그런데 인도는 열대성 기후 지역으로서 온대성 식물종인 중국의 차나무가 자라기에는 적합하지 않아 차나무의 재배는 난항을 겪었다.

크루즈로 여행을 떠나는 아삼 다원

아삼주를 가로지르는 브라마푸트라강(Brahmaputra River)을 따라 내려가는 첫 체류형 크루즈인 '아삼크루즈'가 최근 유럽과 미국의 관광객들로부터 큰 인기를 끌고 있다. 이 아삼 크루즈에 몸을 맡기면 아삼주 곳곳에 위치한 대자연의 공원과 힐링의 다원들을 관광할 수 있다. 오늘날에도 비경지로 불리는 아삼의 대자연. 차나무를 찾아 나섰던 브루스 형제의 경험을 그러한 풍요로운 자연을 통해 간접 체험해 볼 수 있을 것이다.

거기에 한 줄기 희망의 빛을 던진 사람이 로버트 브루스 소령(Robert Bruce, ?~1825)이었다. 영국 동인도회사의 직원이면서 해군 소령이었던 로버트는 1823년에 당시 '아삼(Assam)'이라 불리던 지역으로 원정에 나섰다. 아삼은 영국령의 최동단 국경지로서 영국인들과의 교역이 전혀 없는 곳이었다. 로버트는 오늘날 미얀마 국경지인 시바사가르(Sibasagar)에서 싱포족(Singhpo) 족장인 비사 가움(Bisa Gaum)과 만났다. 그리고 현지 부족들이 티를 마시는 모습을 보고 놀라움에 빠졌다. 사실 싱포족은 중국 윈난성의 소수민족으로서 미얀마로 이주하는 과정에서 그중 일부가 인도 아삼 지역으로 이주한 사람들이었다. 이 싱포족은 예로부터 티를 마시는 습관이 있었으며, 주로 야생 차나무에서 찻잎을 따서 기름이나 마늘과 섞어 먹거나 탕으로 달여서 마셨다.

로버트는 아삼에 체류하면서 언덕에서 우연히 차나무를 발견하였다. 이 당시에는 차나무의 씨앗과 모종을 구하여 갈 수 없었기 때문에 다음에 올 때는 씨앗과 모종을 반드시 받기로 싱포족의 족장과 약속하였다.

이듬해 로버트는 영국 동인도회사에서 아삼으로 파견을 나간 동생 찰스 알렉산더 브루스(Charles Alexander Bruce, 1793~1871)에게 야생 차나무의 씨앗과 묘목을 가져오도록 한 뒤에 콜카타에 있던 덴마크 출신의 식

아삼종의 차나무는 다 성장하면 찻잎의
크기가 사람 얼굴만 하다.

아삼 다원의 노동자들/조지프 라이오넬 윌리엄스(Joseph
Lionel Williams) 1850년작, 1882년판.

물학자인 나타니엘 왈리히(Nathaniel Wallich, 1789~1854)에게 감정을 의
뢰하였다. 왈리히 박사의 견해는 아쉽게도 '동백나무(Camellia)'였다. 그
러한 소식에 로버트는 실의에 빠진 뒤 병으로 쓰러지면서 안타깝게도 세
상을 떠났다.

그러나 로버트가 발견한 식물은 실은 차나무였다. 나중에 아삼종
(*Camellia sinensis* var. *assamica*)으로 불리게 된 이 변종은 중국에서는 '대엽종
(大葉種)'으로 불리고 있었다. 이 대엽종은 물론 인도가 원산지가 아니라
중국 윈난성(云南省)에서 장시성(江西省), 후난성(湖南省) 남부 지역에
까지 서식하는 모습이 확인된 품종이다. 즉 그러한 지역에서 아삼 지역
으로 찻잎의 이용법과 함께 차나무도 전해진 것이다.

에든버러의 티 상인, 멜로즈

영국의 티 상인인 앤드류 멜로즈(Andrew Melrose, 1789~1855)는 1812년 에든버러에서 자신의 이름을 딴 식품잡화점인 '멜로즈'를 22세의 젊은 나이에 세웠다.

멜로즈는 항상 '잃고 난 뒤에 후회하는 것보다 잃기 전에 미리 행동하는 것이 더 낫다'는 것을 신조로 삼고 자신의 직감대로 사업을 펼쳐 나갔다. 그리고 1820년에는 에든버러 시내의 세 곳에 상점을 추가로 세웠다.

당시 상점에서 가장 많이 팔린 품목은 다름 아닌 티였다. 티에 부과되던 관세가 낮아지면서 밀수업자들도 사라진 상황에서 멜로즈가 가졌던 가장 큰 관심사는 '중국 당국의 금수(수입금지) 조치 해제'였다. 영국 동인도회사의 독점 무역도 언젠가는 폐지될 것이라 내다본 멜로즈는 신대륙 미국에서 큰 인기를 끌고 있던 쾌속 범선에 주목하였다. 마침내 1833년 중국 당국의 금수 조치가 해제되자, 티클리퍼(tea clipper), 즉 쾌속 범선인 '이자벨라호(Isabella)'에 전세를 내고 중국으로 보냈다. 그 뒤 에든버러 리스항에 입항한 이자벨라호에서 산더미처럼 쌓인 광둥성산 티를 하역하기 시작하였다. 이는 런던 외의 항구에서 티가 정식으로 하역된 영국 최초의 사건이었다. 이때부터 멜로즈는 티의 자유 무역을 상징하는 인물로 떠올랐다.

멜로즈가 들여온 도자기제 티 캐디 박스는 선풍적으로 인기를 끌었다/20세기 후반 제품.

1828년에 인도 총독으로 부임한 윌리엄 벤팅크(William Bentinck, 1774~1894)는 인도에서 차나무를 재배시키기 위하여 1834년에 '티위원회(Tea Committee)'를 발족시킨다. 이 티위원회에서도 로버트 브루스 소령이 발견한 식물이 논의의 대상이 되었는데, 이때도 로버트의 식물은 동백나무라는 견해가 대부분이었다. 이러한 결론으로 영국에서는 종래의 방식대로 중국에서 차나무의 묘목을 들여오고, 차나무의 재배 및 티 기술자들도 비밀리에 초청 하여 지도를 받았다.

인도의 초대 총독인 윌리엄 벤팅크 경의 초상 화/토머스 로렌스경(Sir. Thomas Lawrence), 1859년판.

이렇게 콜카타식물원에서 자란 4만 2000그루의 묘목은 시험 재배 를 위해 인도 전역으로 보내졌지 만 재배에 성공하지는 못하였다. 약한 모종의 장거리 운송, 서식지 의 환경적인 차이, 기술자의 부족 등 여러 요인들이 작용하였기 때 문이다. 티위원회에서는 인도에 서 차나무의 재배에 회의적인 생 각을 가진 사람들도 많았기 때문에 재배를 계속할지의 여부가 논의되 었다. 그러나 벤팅크 총독의 강한 주장으로 티위원회에서는 차나무를 계 속하여 조사하였다. 그리고 마침내 아삼 지역 언덕에서 야생으로 생육하 는 차나무가 발견되었다. 과거에 이 차나무를 동백나무로 판정하였던 왈 리히 박사도 비로소 차나무임을 인정하였다.

그러나 아삼종으로는 티를 만드는 일이 매우 어렵다는 견해가 대부분 이었다. 오랫동안 자연 그대로 방치되어 있던 아삼종은 재배 품종으로는 중국의 차나무에 비하여 뒤떨어질 것으로 판단하였기 때문이다. 인도에 서 아삼종의 재배는 안타깝게도 이 시대에는 실현되지 못하였다.

고급 리넨으로 만든 티 타월

영국을 여행하다 보면, 기념품점, 잡화점, 백화점, 식기점 등의 곳곳에서 눈에 들어오는 것이 티 타월이다. 티 타월은 소위 '디시 타월(dish towel)'이라고도 하며, 보통은 음식용 접시를 닦을 수 있는 크기(세로 72cm, 가로 55cm)이다. 본래 행주로 사용하는 것이지만, '그저 접시를 닦는 데만 사용하기에는 아깝다'는 사람도 많아, 티 트레이에 깔거나, 다과가 건조되지 않도록 덮어 두는 데 사용하거나, 태피스트리로 실내 벽에 장식하는 등 그 활용법이 매우 다양하다.

티 타월이 최초로 만들어진 시대는 19세기 초반이었다. 방직 기계가 발달하면서 미국산 면화를 원료로 사용한 원사의 품질이 비약적으로 개선되어 생산성이 향상되던 시기였다. 그런데 1812년에 '영미 전쟁(1812~1815)'이 발발하면서 그 기간 동안에 두 나라의 무역이 완전히 정지되어 원료의 공급도 끊기게 되었다. 이때 면화의 대용품으로 큰 주목을 받은 소재가 바로 유럽에서 재배되는 한해살이식물인 '아마(亞麻, *Linum usitatissimum*)'였다. 이때 아마를 원료로 사용한 원사가 바로 '리넨(linen)'이다.

리넨 원사는 보습성과 흡습성이 우수하여 손수건, 속옷, 행주 등을 만드는 데 활용하였다. 특히 리넨 행주는 고급 다기를 닦기 위해 사용되었기 때문에 '티 타월'이라고 불렸다. 이 티 타월은 아마의 재배지인 북아일랜드에서 주로 생산되었다. 아일랜드에서 생산되었기 때문에 '아이리시 리넨(Irish linen)'이라고도 하였지만, 오늘날 북아일랜드에서는 아마가 거의 재배되지 않고 있다. 따라서 리넨은 대부분 다른 나라에서 수입되고 있는 상황이다. 그럼에도 북아일랜드에서는 지금도 전통 산업으로서 티 타월을 생산하고 있다.

티 업체들마다 티 타월을 판매하여 티 마니아들에게도 큰 즐거움을 선사하고 있다.

런던의 거리 풍경을 그린 티 타월은 여행 선물로도 훌륭하다. 길을 지나는 마차의 상부에는 트와이닝스 티의 광고문이 도장되어 있다.

제4장. 티 무역의 분쟁과 인도에서 티 생산의 기대

대중국 무역 적자로 인해 생겨난 은제 다기의 변화

18세기 후반에는 티타임을 장식하는 은제 다기에 큰 변화가 일어난다. 기존에 선호되었던 화려하고도 중후한 로코코 스타일이 확연히 줄어들고, 대신에 심플하면서도 평탄한 바탕에 선묘가 그려진 디자인의 티포트와 티 캐디 스푼이 많이 생산되었다. 그 원인은 중국과의 티 무역에 있었다. 중국과의 무역 적자가 계속된 그 시대에 티 대금의 지급 수단이었던 은이 대량으로 중국에 유출되면서 영국 내에서는 은의 가격이 급격히 상승하였다.

은 가격의 상승에 시달렸던 은제품 장인들은 적은 양의 은을 보다 효율적으로 사용할 수 있는 방법을 모색하였다. 그 과정에서 은판을 넓고 얇게 펼칠 수 있는 기계가 개발되었다. 이로써 얇고 아름다운 소재가 완성되면서 다기를 만드는 데 필요한 은의 양도 현저히 줄어들었다. 얇고 편평한 은판의 표면에 가늘고 섬세한 선을 새겨서 음영을 주어 깊이를 더해 주는 '브라이트커트(bright-cut)'라는 세공 기법도 탄생하였다. 이러한 세공 기술의 발상으로 은이 부족하였던 시대임에도 불구하고 영국인들은 티타임을 우아하게 즐길 수 있었다. 중국에 대한 무역 적자가 은제품의 디자인과 세공 기술에도 큰 영향을 준 것이다.

티 캐디 스푼의 손잡이 부분에 선 문양이 브라이트커트 기법으로 세공되어 있다/영국제(1804년).

티타임의 폐해, 설탕을 얻기 위해 생겨난 '노예무역'

설탕은 수입품 중에서도 생산지가 한정되어 있었기 때문에 가격이 매우 높았다. 티의 소비가 증가함에 따라 티타임에 필요한 설탕의 수요도 덩달아 급속히 증가하면서 설탕의 공급이 수요를 따라가지 못하는 상황까지 벌어졌다. 이 문제를 타개하기 위하여 영국인들은 카리브해 주변의 나라들을 식민지로 만든 뒤 설탕 재배지를 확대시켰다. 그럼에도 불구하고 결정적으로 부족한 한 요소가 있었는데, 바로 일할 수 있는 노동자였다.

영국인들이 궁리 끝에 생각해 낸 것이 바로 아프리카에서 사람을 강제로 보내는 것이었다. 즉 아프리카 출신 노예의 노동력을 설탕 재배에 투입하는 것이었다. 영국을 출항한 선박들은 서아프리카로 향하고, 그곳에서 화물 대금으로 노예를 요구하였다. 이렇게 노예를 태운 선박은 서인도제도와 브라질로 항해한 뒤 노예를 설탕과 교환하여 영국으로 되돌아왔다. 세 대륙을 오가면서 수익을 올렸던 삼각 무역, 즉 '노예무역'은 수많은 사람들의 생명과 인권을 무시하면서 큰 사회 문제로 떠올랐다.

영국 내에서도 '노예의 노동력으로 생산된 설탕을 구입하는 일은 곧 새로운 노예를 생기도록 하는 일'이라면서 설탕 불매 운동이 일어났고, 심지어는 티타임에서도 설탕을 넣지 않겠다고 사양하는 사람들도 나타났다. 웨지우드 요업의 창업자인 조사이어 웨

대영박물관에 소장된 설탕 그릇(19세기 초반). 노예의 강제 노동으로 생산된 설탕이 결코 아니라는 문구가 새겨져 있다.

1787년에 제작된 '노예 해방 메달리온'의 진품. 당시 여성들이 이 메달리온으로 머리를 장식하거나 팔찌로 가공하여 몸에 지녔다고 한다/웨지우드 요업(1787년).

지우드(Josiah Wedgwood, 1730~1795)도 자신이 만드는 도자기가 설탕 소비와 깊이 연관되어 있다는 사실에 큰 우려감을 나타냈다. 웨지우드는 고객들에게 메달리온(medallion)을 배부하면서 '노예 해방'을 촉구하였다. 그 메달리온에는 "나는 사람이 아닌가요? 친구는 아닌가요?"라는 메시지가 새겨져 있었다. 이 메달리온은 미국에서 노예 해방을 위해 적극적으로 활동을 펼쳤던 정치인 벤저민 프랭클린에게도 곧 전달되었다.

이 노예 해방이 완전히 달성된 것은 1838년의 일이다. 19세기에 들어서 설탕을 사탕무로 생산할 수 있게 된 것이 큰 영향을 주었다. 이러한 사탕무의 출현으로 제과 기술도 급격히 발전하면서 티타임도 매우 우아하고 사치스러운 모습으로 변하였다.

『비둘기 속의 고양이(Cat Among the Pigeons)』(静山社, 2011년). 노예무역을 주제로 다룬 어린이 책. 이 책에서는 설탕을 주제로 한 티타임의 모습과 웨지우드 요업이 제작한 '노예 해방 메달리온'도 등장한다.

영국 도자기 산업의 발달

1759년에 창업한 웨지우드(Wedgwood) 요업은 영국에서도 상업적으로 성공을 거둔 초기 요업체 중 하나이다. 조사이어 웨지우드는 어린 시절을 매우 가난하게 보냈기 때문에 노동자 계층도 쉽게 구입할 수 있는 그릇을 만들겠다는 신조가 있었다. 그러한 신조 속에서 1761년에 탄생한 것이 유백색의 아름다운 경질 도자기인 '크림웨어(creamware)'였다. 전체 공정에서 일부 공정이 기계화되어 있었기 때문에 대량으로 생산할 수 있었고, 그만큼 가격도 낮출 수 있었다.

크림웨어는 가격이 저렴하면서도 품질도 매우 좋았기 때문에 중산층의 생활 속으로 급속히 침투하였고, 노동차 계층의 티타임에도 질적 상승을 불러왔다. 1765년 조지 3세의 왕비인 조피 샤를로테(Sophia Charlotte, 1744~1818)에게 크림웨어를 납품한 것을 계기로 크림웨어는 이제 '여왕의 도자기'라는 뜻으로 '퀸즈웨어(queen's ware)'로 불리었다.

중국이 서양 국가들을 상대로 무역 제한을 시작한 1760년대부터는 중국산 도자기의 수입량이 대폭 줄어들었다. 영국 도자기업체들로서는 중국 도자기를 대체할 만한 제품을 생산하는 일이 무엇보다도 시급하였다. 도자기의 원료인 고령토의 채굴이 어려웠던 영국에서는 보(Bow) 요업이 고령토 대신에 동물의 뼛가루를 사용한 '본차이나(bone china)'의 개량 작업에 기대가 모아졌다. 그러던 중 1770년에 창업한 스포드(Spode) 요업이 1799년에 실용성이 강한 본차이나를 생산하는 데 성공하였다.

스포드 요업의 창업자인 조사이어 스포드 1세(Josiah Spode I, 1733~1797)는 동판 전사에 의한 밑그림 그리기 기법을 개발한 것으로도 꽤 유명하였다. 조사이어는 당시 소뼈는 철분이 적어 그릇을 만들기에 가장 적합하다는 사실을 알았지만 결국 그 실현을 보지 못하고 세상을 떠났다. 그 뒤를 이은 스포드 2세(Josiah Spode II, 1755~1827)는 밤낮으로 연구에 전념한 끝에 마침내 그 상품화에 성공하였다.

본차이나의 개발 소문을 들은 황태자 조지 4세(George IV, 1762~1830)는 스포드 요업을 방문하여 본차이나의 제조 공정을 시찰하고 그 기술에 감탄하였다. 그리고 1806년에는 스포드 요업을 '왕실 납품업체'로 공식 지정하였다. 이러한 영국산 본차이나의 도자기는 훗날 애프터눈 티에서 테이블웨어로도 큰 활약을 하기에 이른다.

크림웨어/웨지우드 요업(1940년)

본차이나/스포드 요업(1830년)

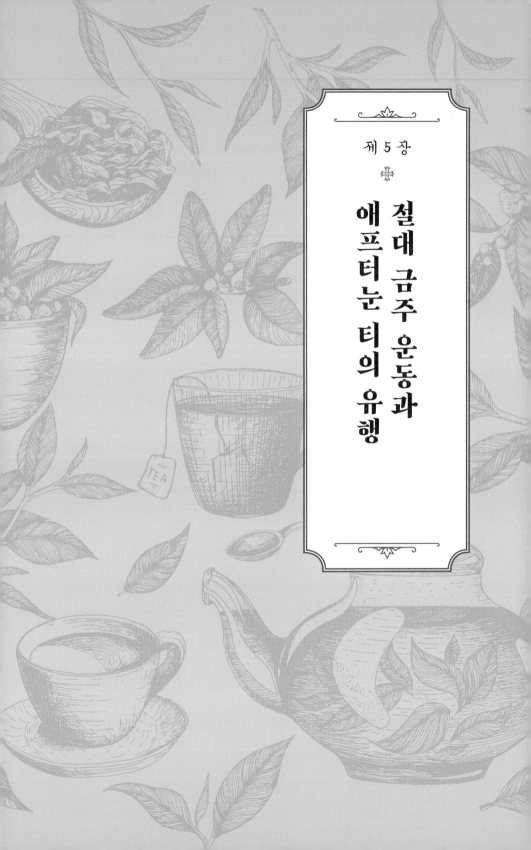

제 5 장

절대 금주 운동과
애프터눈 티의 유행

인도에서 차나무가 재배되고, 중국과의 무역 분쟁이 종결된 19세기 중반. 티를 둘러싼 영국의 티 무역 환경은 매우 다양화되었다. 호사스럽고 화려한 귀족들의 대저택에서는 오후에 우아한 티타임이 열렸고, 노동자 계층에서는 '술을 티로 바꿔 마시자'는 금주 운동이 영국 정부에 의해 추진되었다.

절대 금주 운동, '술'을 '티'로 바꿔 보자!

✳

영국에서는 절대 금주 운동인 '티토털(teetotal)'을 슬로건으로 내걸고 대규모의 캠페인을 벌였다. '티토털(teetotal)'은 1830년에 영국 정부가 '금주협회'를 설립한 뒤 정책적으로 추진한 절대 금주 운동이다. 티토털의 '티(tee)'는 '절대'라는 뜻이지만, '티(tea)'라는 뜻도 갖고 있다. 그리고 '토털(total)'은 '금주'라는 뜻이다. 이러한 절대 금주 운동은 '술을 끊고 그 돈으로 가정의 행복을 되찾자'는 취지로 전개되었으며, 그 방책으로 술에 찌들어 살던 노동자들에게 티를 권하였다.

당시 영국의 노동자들이 술에 빠져 버린 데는 그만한 이유들이 있었다. 첫 번째 이유는 노동자의 생활환경이 악화된 것이다. 산업혁명이

절대 금주 모임은 여러 장소에서 개최되었다. 간이식 천막의 실내에서 수많은 사람들이 티를 즐기고 있다(1845년판).

우물의 물을 술에 비유한 풍자화. 남성은 금주를 지지하는 정당의 의원이다. 그의 발 옆에 놓인 가방에는 '절대 금주(teetotal)'의 글귀가 새겨져 있다. 이 일러스트는 선거활동에도 사용되었다/토머스 내스트(Thomas Nast)의 〈하프스 위클리(Harper's Weekly)〉 1884년 8월 23일자호.

교회에서는 일요일 오후에 다과회를 열고 신도들에게 금주의 내용을 설교하였다. 맥주잔으로 보이는 큰 컵에 티를 주전자로 붓고 있다/〈그래픽(The Graphic)〉 1872년 1월 13일자호.

일어나 공장이 대규모로 들어서면서 대부분의 영국인들은 도시에서 살게 되었다. 도시 노동자들이 늘어나면서 새로운 주거 형태로 아파트가 급증하였다. 초기 아파트는 방이 좁고, 벽도 얇았으며, 화장실도, 수도도 없었다. 좁은 부엌에서는 빵을 굽는 것도 쉽지 않아 간단한 수프를 만드는 것이 고작이었다. 난방도 시골에서처럼 숲에서 구한 장작을 때는 것과는 달리, 석탄을 구입하여 난로에 사용하는 수밖에 없었기 때문에 추운 방에서 떨면서 사는 사람들이 많았다.

두 번째 이유는 노동 환경이 악화된 것이다. 공장주들은 값비싼 최신식 장비의 가동률을 최대화하기 위해 노동자들을 장시간 부려 먹었다. 하루에 평균 14~15시간 동안 공장에서 근무시키는 것은 기본이었다. 그리고 아파트의 월세가 치솟아 여성들도 아이를 맡기고 공장에 나가 일하였다. 심지어는 가난한 집의 아이들은 일꾼으로 간주되면서 아동, 청소년의 노동력 착취도 큰 사회적인 문제로 떠올랐다. 또한 노동자들에게는 '시간은 돈이다'라는 구호 아래에서 단순 기계와도 같은 규칙적인 근태를 요구하였다.

적은 벌이에 비하여 값비싼 생활비, 그리고 도시 생활로 인한 스트레스, 그리고 남녀를 불문하고 그러한 열악한 생활환경의 탈출구로서 술을 찾는 사람들이 늘어난 것은 어찌 보면 당연한 일인지도 모른다. 남성들은 퇴근길에 술집에 틀어박히는 일이 일상사였고, 일부 여성들은 울면서 보채는 아이를 달래기 위하여 독한 진을 먹인 뒤 잠을 재우기도 하였다. 18세기 중반에 호가스가 그렸던 「진의 거리」(95쪽 참조)의 광경이 점차 재현될 징조를 보였다.

1834년 영국 의회가 실시한 국민 음주 실태 조사에서는 음주가 노동자 계층에서 범죄와 소동, 그리고 가난을 야기하는 주요 요인으로 드러났다. 이러한 배경으로 영국 정부가 정책으로 내놓은 것이 '절대 금주 운동'이었던 것이다.

1833년의 성탄절에 잉글랜드 랭커셔주의 도시 프레스턴(Preston)에서 개최된 '금주협회'의 티파티에는 1000장의 예약 참가 티켓이 모두 매진되었고, 당일에는 참가자들이 더욱더 늘어나 총 참가 인원 1200명의 대규모 행사로 열렸다. 이 행사 때 티를 끓이기 위하여 준비된 물이 무려 200갤런(약 909리터)이나 되었다고 한다. 그리고 한때 주량이 말술이었다면서 '전직 술꾼'이라 자칭하는 남성들이 '금주'의 문구가 적힌 앞치마를 두르고 티를 나르면서 세간의 큰 화제를 모았다.

1839년에는 16세 이하의 아동들에게 맥주 외의 술을 판매하지 못하도록 하는 법률이 제정되었고, 술집의 영업시간도 규제를 가하였다. 금주협회에서는 금주의 목표를 달성하기 위해서 강한 이미지의 캐릭터가 필요하다고 생각하였다. 이때 등장한 캐릭터가 1840년에 갓 결혼한 빅토리아 여왕(Victoria, 1819~1901)과 그의 남편 앨버트공(Albert, Prince Consort, 1819~1861)이었다. 왕실은 당시 노동자들에게 꽤 거리감이 있었던 존재이지만, 빅토리아 여왕의 부부에게는 여러 의미에서 노동자들에게 공감을 줄 수 있는 요인들이 많았다. 여왕의 부부는 '정략결혼'을 한 것이 아니라 일반 서민들처럼 '연애결혼'을 하였고, 또 여왕이 국정을 다루면서도 아내로서 왕자와 공주를 출산하였으며, 이러한 여왕 일가의 초상화가 공개되면서 행복한 가정의 이미지도 정착되었기 때문이다.

여기에 당시 인쇄 기술이 크게 발달하여 여왕 일가의 생활상이 연일 신문이나 잡지에 소개되면서 노동자 계층을 비롯하여 전 국민들이 여왕의 일가에 대하여 깊은 관심을 보였다. 이로 인해 당시의 영국인들은 여왕 일가의 초상화를 자신의 집에 걸어 놓고 늘 이상적인 가정의 롤 모델로 생각하였다. 이러한 사회적인 배경으로 금주협회에서는 여왕을 후원회장으로 추대하였고, 여왕은 이러한 추대를 수락하였다.

여왕은 공무에 나서면서도 자녀들을 적극적으로 데리고 다녔다. 어머니로서의 역할도 다하는 여왕과 그녀를 돕는 앨버트공의 모습은 국민들에게 큰 호감을 주었다(1849년판).

금주 운동을 권장하는 기사. 오른쪽이 '곡(Gog)'이고 왼쪽이 '마곡(Magog)'다. 곡과 마곡은 성경의 요한계시록에서 마지막 적그리스도로 나온다. 곡과 마곡이 티를 즐기는 모습은 금주 활동의 궁극적인 완성을 의미하였다. 마곡은 티를 받침 접시에 옮겨서 마시고 있다(〈펀치 또는 런던 샤리바리(Punch or The London Charivari)〉 1864년 11월 26일자 호.

한편, 산업혁명으로 빠듯하게 운영되었던 공장에서도 노동자들에 대하여 금주 운동이 권장되었다. 그동안 대부분의 노동자들은 휴식 시간을 가지면 맥주를 마시는 일이 일상적이었다. 그러나 기계의 조작이 점점 더 복잡해지고 컨베이어벨트를 이용한 분업 작업이 늘면서 알코올 섭취로 인한 생산의 효율성이 하락하는 문제가 발생하였다. 이때부터 금주는 공장에서도 중요한 과제로 다루어졌고, 공장주들은 그 해결책으로 노동자들에게 티를 무료로 제공하였다.

티에는 카페인 성분이 함유되어 있기 때문에 사람들이 마실 경우에는 정신이 말똥말똥해진다. 또한 밀크 티로 만들어 마실 경우에는 영양가도 높다. 만약 티를 마셔서 생산 효율만 높아진다면, 티 비용 정도는 공장에서 기꺼이 부담하겠다는 고용주들도 속출하였다. 고용주들의 간담회 등에서는 절대 금주 운동에 대한 뜨거운 논의가 오갔고, 사내 친목회나 위로연에서도 티가 주요 음료로 자리를 잡았다. 절대 금주 운동은 '금주'를 서약한 사람이라면 상하 관계를 초월하여 누구나 동료가 될 수 있는 '열린 운동'이었다는 점도 티의 보급을 촉진하는 큰 요인이 되었다.

아삼 티의 완성

1838년에는 티의 세계에서도 큰 혁명이 일어났다. 아삼의 원산지종 (123쪽 참조)으로부터 만든 '아삼 녹차'가 티산업위원회에 전달된 것이다. 이 녹차는 이듬해 1839년 1월에 티산업위원회의 명의로 런던 경매에 출품되었다. 8개의 상자에 담긴 아삼 녹차의 품질은 중국 녹차에는 미치지 못하였지만, 식민지에서 처음 만들어진 아삼 녹차의 첫 낙찰자가 되려는 티 상인들이 붐비면서 1파운드당 16실링 내지 34실링이라는 높은 가격으로 낙찰되었다.

이 아삼 녹차를 처음 만든 사람은 로버트 브루스 소령의 동생인 찰스 브루스(123쪽 참조)였다. 찰스 브루스는 야생 차나무가 중국 국경을 넘어 지방에서 지방으로 전해져 인도에서도 동부 아삼 쪽으로 일련의 지역에 생육권을 형성하고 있다는 사실을 알게 된 뒤부터, 형이 발견한 식물이 차나무일 것이라 굳건히 믿으면서 다원을 확대하고 중국식 티 가공법을 연구해 나갔다. 이러한 노력들은 마침내 결실을 거두면서 아삼종은 1838년에 차나무로 공식 인정을 받았다. 학명은 '카멜리아 시넨시스 아사미카 변종(*Camellia sinensis* var. *assamica*)'이었다.

런던에는 '아삼컴퍼니(Assam Company)'가 설립되었고, 콜카타에 지사인 '벵골티협회(Bengal Tea Association)'가 설립되었다. 1840년에 찰스 브루스가 자이푸르 북부 지역의 총감독자로 이 회사에 고용되었지만, 티의 가공 작업은 순탄치 못하였다. 아삼 지역은 영국의 보호구로 지정되기 이전에는 내전과 함께 버마(현 미얀마)의 침략으로 인구가 감소된 상태였기 때문에 노동력이 매우 부족하였다. 그 해결책으로 오늘날의 싱가포르 지역에서 수많은 중국인들을 고용하여 아삼 지역으로 이주시켰다. 그러나 중국인들은 언어와 종교의 차이로 아삼 지역의 사람들과 잦은 분쟁

아삼 다원의 개척기 모습. 차나무들이 아직은 묘목 수준이었기 때문에 성숙한 다원은 아니었다/조지프 라이오넬 윌리엄스(Joseph Lionel Williams) 1850년작, 1882년판

아삼 다원에서 찻잎을 따는 여인의 모습. 차나무에 꽃이 피어 있다/〈하프스 바자(Harpers Bazar)〉 1866년 6월 19일자호.

을 일으켜서 좀처럼 정착하지 못하였다.

또한 인도 내에서도 다른 지역으로부터 다수의 노동자들을 채용하여 아삼 지역으로 강제로 이주시켰지만, 콜레라와 말라리아와 같은 전염병이 발생하여 그 대부분이 목숨을 잃었다. 이 전염병은 영국인들 사이에서도 대유행하여 목숨을 잃는 사람들이 속출하였다. 더욱이 아삼 지역의 열대 정글에는 코끼리, 코뿔소, 큰 뱀 등의 사납고 위험한 야생동물들이 서식하여 사람들의 접근이 어려웠다.

설사 티를 만드는 데 성공하였더라도 운송로가 완비되지 않아 그 티의 대부분이 런던에까지 도달되지 못하였다. 설상가상으로 아삼에서 차나무의 재배는 실패한 것 같다는 소문이 나돌면서 아삼컴퍼니의 주식이 순식간에 폭락하였다. 여기에 현지 총감독자로서 책임을 맡고 있던 찰스 브루스는 1843년에 회사로부터 해고를 당하였다.

그러나 찰스 브루스에 뒤이어 수많은 사람들에 의해 차나무는 살아남아 그 재배가 확대되었다. 마침내 1850년 아삼 지역에서 차나무의 재배는 본격적으로 궤도에 오르기 시작하였다. 열대 지역에서도 왕성한 성장을 보이는 이 새로운 품종의 차나무는 동남아시아의 여러 나라들에서 재배되면서 중국종보다도 그 재배 면적이 점차 웃돌게 되었다. 20세기에 들어서 아삼종의 차나무는 아프리카 대륙의 르완다, 케냐 등의 땅에서도 재배되기 시작하였다.

아편 무역의 최종 결말

"아편을 밀수 판매하는 사람, 이를 흡입하는 사람 모두 엄벌에 처하고, 더욱이 청나라의 관리로서 아편에 연루된 사람은 극형에 처한다!"

이토록 강력한 처벌성 구호는 1839년 중국의 청나라가 실시한 '아편엄금론'을 상징하고 있다. 1790년대부터 영국에 의해 인도에서 처음 밀반입된 아편은 그 상법에 편승한 프랑스와 미국에서도 밀수입되면서 중국의 사회를 심각하게 병들게 만들었다. 심지어는 황태자마저도 아편 중독으로 사망하는 상황까지 벌어졌다.

1839년, 광둥성에 파견된 관리인 임칙서(林則徐, 1785~1850)는 유례가 없을 정도로 강경한 태도로 일관하여 아편을 퇴치하는 단속 작업에 나섰다. 임칙서는 아편 무역에 관련된 국가의 사람들로부터 은밀히 전해지는 뇌물의 유혹도 강하게 뿌리치면서 외국의 아편상들에게 아편 밀수입

아편전쟁의 무대가 된 샤먼에서의 시연. 중앙에 있는 사람이 아편전쟁의 영웅인 임칙서(林則徐, 1785~1850) 역할의 배우.

을 당장 중지할 것을 명령하였다. 이러한 명령에 불복하는 국가에 대해서는 무역관을 무력으로 봉쇄한 뒤 음식과 식수의 공급도 끊어 버렸다. 또한 긴급 강제로 몰수한 아편 250만 파운드(약 113만 킬로그램)는 소금과 석회를 뿌려 마약 효능을 없앤 뒤 인공 연못에 내던져 폐기해 버렸다. 이와 함께 항구에서 아편 밀수입에 관여한 내국인들은 본보기로서 교수형에 처하였다.

이러한 초강경 조치에 여러 국가들이 아편 밀수입을 점차 포기하는 가운데 유독 영국만큼은 쉽게 물러나지 않았다. 심지어 광저우항에서 아편을 직접적으로 밀반입하는 일이 어렵다면, 홍콩을 경유하여 간접적으로 밀반입하면 될 것이라 생각하였다.

아편의 공급 부족으로 중국 내 시장의 아편 가격은 그 어느 때보다 올랐다. 그때 양국 간의 긴장을 고조시키는 사건이 홍콩의 중부 도시인 주룽(九龍)에서 발생한다. 술에 취한 영국 선원이 중국 농민과 싸우다 농민을 죽인 것이다. 중국 측은 당연히 범인의 인도를 요구하였지만 영국 측은 선원을 비호하고 사건 장소의 치외법권을 주장하였다. 여기에 대항하여 임칙서는 영국의 모든 무역관을 봉쇄하는 강경 조치를 내렸다. 이에 양국 간의 관계를 우려한 중국의 황제는 빅토리아 여왕에게 서한을 보냈다.

귀하의 나라에서도 아편의 흡입은 금지되어 있는 것으로 알고 있다. 만약 다른 나라 사람이 아편을 영국으로 들여와 사람들을 유혹한다면 고결한 통치자이신 폐하는 반드시 이를 미워하실 것이다.

그러나 이 서한은 런던으로 건네졌지만 빅토리아 여왕의 손에까지 전달되지는 않은 것으로 알려져 있다. 영국 의회는 '자유 무역을 거부하는 중국'에 대하여 방책을 논의한 뒤 1840년 2월, 마침내 중국에 대한 무력

광둥성 인근의 하천에서 연료를 보급 중인 영국 함대. 그 무력이 압도적이었다/〈일러스트레이티드 런던뉴스(The Illustrated London News)〉1857년 7월 11일자 호.

1842년에 홍콩은 영국에 할양되었다. 그 뒤 홍콩은 영국의 거점지가 되어 서구화되었다/1857년판.

침공을 가결하였다. 1840년 6월 영국 함대는 16척의 전함과 4척의 무장 기선에 4000명의 군사를 태우고 광둥성에 입항한다. 이에 당황한 임칙서 는 미국 선박을 빌려 공격에 나섰지만, 때는 이미 늦었다.

영국 함대는 중국 해안을 따라 북상하면서 푸젠성의 샤먼(廈門), 저우 산열도(舟山列島), 상하이를 점령하였다. 그러자 중국 청나라 당국은 내 륙의 난징(南京)에 대한 공격을 두려워한 나머지 1842년 8월에 항복을 선언하고 '난징조약'을 체결하였다. 난징조약의 내용은 중국에는 불평등 을 넘어 대단히 굴욕적인 것이었다.

전쟁 배상금과 함께 앞서 몰수해 폐기한 아편 보상금 2100만 달러를 지불하고, 홍콩을 할양하며, 광저우를 포함해 샤먼, 상하이, 푸저우(福 州), 닝보(宁波)의 5개 항을 개항할 뿐만 아니라, 각 항구의 무역 허가는 중국의 관할권에서 제외되는 등 영국의 요구는 끝이 없었다. 또한 당시 중국이 수용을 강하게 거부한 '아편의 합법화'도 훗날 1858년에는 부당 하게 수용하기에 이른다.

플랜트 헌터의 활약

영국이 아편 전쟁에서 압도적인 승리를 거둔 1842년 영국왕립원예협회는 식물학자인 로버트 포춘(Robert Fortune, 1812~1890)에게 '플랜트 헌터(plant hunter)'로서 중국으로 떠날 것을 지시하였다. 플랜터 헌터는 세계를 떠돌아다니면서 희귀식물을 몰래 채집하는 사람을 말한다. 아편 전쟁이 끝난 뒤 중국에서는 영국인들에 대해 증오심을 가진 사람들이 많았기 때문에 생명에 위협을 느꼈던 포춘은 영국왕립원예협회에서 제시한 보수보다도 더 높은 금액을 요구하였다. 그러나 경력이 없는 플랜트 헌터에게 높은 보수를 지급하기는 어렵다면서 거부당하였다. 이때부터 포춘은 1843년부터 3년간 홍콩을 근거지로 주변 마을을 탐문하면서 중국과 각 고장 특유의 관습, 그리고 지리 등을 익히면서 산업스파이로서 기초 지식을 다졌다.

당시 중국은 서양인들에게 주요 항구에서 48킬로미터 이내에서만 활동하도록 거주 이동의 자유를 제한하고 있었지만, 포춘은 뇌물을 교묘히 사용해 가면서 먼 지역까지 돌아다녔다. 특히 닝보에서는 녹차의 생산 방법과 차나무의 재배에 관하여 연구하였고, 푸저우에서는 농가를 방문하여 부분산화차에 관하여 알아보았다. 포춘은 두 산지의 조사를 통하여 녹차든지, 부분산화차든지 간에 모두 같은 차나무에서 딴 찻잎으로 만든 것이며, 다만 가공 방법이 다를 뿐이라는 사실을 파악하였다. 그리고 귀국하여 『중국 북부 지방에서 3년간의 방랑(Three Years' Wanderings in the Northern Provinces of China)』이라는 책을 출간하였다.

산업스파이로서 그제야 높은 명성을 얻은 포춘은 1848년에 새로운 특명을 받았다. 특명을 의뢰한 쪽은 당시 대기업이던 영국의 동인도회사였다. 특명은 보히 티의 발상지인 푸젠성 우이산(武夷山)으로 가서 우량

플랜트 헌터가 중국으로 잠입하여 찻잎을 따는 처녀의 모습을 스케치한 그림. 플랜트 헌터들의 대활약으로 중국의 생생한 정보들이 영국으로 전해졌다/〈밸로스 픽토리얼 드로잉룸 컴패니언(Ballou's Pictorial Drawingroom Companion)〉 1857년 4월호.

종의 차나무를 밀반입해 오는 것과, 보히 티의 가공 과정을 습득한 뒤 식민지인 인도로 건너가서 현지 지도 및 재현하는 것이었다.

산업스파이로서 특명을 받은 포춘은 다시 중국으로 향하였다. 포춘은 상하이에 거점을 두고 1849년 5월에 만주족같이 머리를 삭발하고 현지인의 모습으로 변장한 뒤 우이산으로 잠입하였다. 젓가락질이 서툴러서 서양인이라는 사실이 노출될 우려가 있었기 때문에 사람들이 드나드는 장소에서는 음식도 일절 먹지 않았다고 한다.

포춘은 장시성의 험준한 산악 지대를 천신만고 끝에 넘은 뒤 우이산의 능선에 도달하였다. 수직으로 거대하게 솟은 암벽들 사이로 맑은 물이 흘러내리는 가운데 저 먼 아래로 무수히 펼쳐지는 다원과 사원의 모습은

우이산으로 가는 길은 매우 험준하였기 때문에 서양인들은 중국식 인력 가마를 타고 가는 일이 많았다. 그림은 로버트 포춘을 모델로 그린 것이다/〈픽토리얼 타임스(Pictorial Times) 1874년판.

A WARDIAN FERN CASE.

로버트 포춘은 식물의 운송에 최신식 워디언케이스(wardian fern case)를 사용하였다. 이 케이스는 유리 덮개가 사용된 것으로서 밀폐성이 좋은 식물 운송용의 도구였다. 식물을 선박으로 운송할 때 외부의 영향을 전혀 받지 않고 운송할 수 있었다. 또한 출발할 때 약간의 물만 주고 나면 더 이상의 작업이 필요가 없을 정도로 편리하였다(1857년판).

그야말로 신비로운 풍광이었으며, 발길을 내딛는 곳마다 미지의 동식물들로 넘쳐나는 대자연도 포춘의 호기심을 자극하기에 충분하였다.

포춘은 차나무가 자라는 토양, 가지치기, 찻잎을 따는 법, 건조 방식, 가공 공장으로 운송하는 방법, 최종 상품을 항구로 이송하는 과정 등 거의 모든 사항을 하나라도 놓칠세라 주의 깊게 기록하였다. 또한 포춘은 사원을 숙소로 하여 수일 동안 머물면서 티를 만드는 방법에 정통하였던 승려들과 깊은 이야기도 나누었다. 이때 민속주에서부터 산나물, 민물고기 등에 이르기까지 각종 토속 요리들을 함께 즐기고 친해지면서 우량종 차나무의 묘목을 약 400그루씩이나 얻는 데 성공하였다. 이러한 대활약으로 포춘의 이름은 영국 전역으로 널리 퍼졌다.

1849년에는 포춘이 중국의 여러 다원으로부터 입수한 1만 3000그루의 차나무 묘목이 인도 콜카타로 보내졌다. 그러나 온전히 자란 묘목은 불과 80그루에 지나지 않았다. 다시 1851년에는 수많은 차나무 묘목과 함께 중국의 티 기술자들을 이끌고 인도 콜카타로 건너왔다. 이때 무사히 발아한 1만 2000개 이상의 씨앗들을 중국 우이산과 비슷한 기후대인 인도의 다르질링 지역까지 운송한 뒤 사람들에게 파종과 티 가공 기술을 전수하였다. 포춘이 당시 다르질링 지역의 경사지에 심은 종자들은 몇 년 뒤 차나무로 온전히 자라면서 '다르질링 티(Darjeeling tea)'가 처음으로 생산되었다. 영국인들이 마침내 중국과 일본에서만 재배되었던 '중국종', 즉 시넨시스 품종의 차나무를 인도에서도 재배하는 데 성공한 것이다.

인도에서 차나무의 재배가 본격화되는 가운데, 1851년에 중국에서는 '정화홍차(政和紅茶)'라는 티가 생산되었다. 생산지는 우이산과 같은 푸젠성의 정허현(政和縣)이었다. 이 홍차는 오늘날 유통되는 홍차와 비교하면, 산화도가 약하고 찻잎도 큼직하였다. 영국인들은 아편 전쟁이 끝

우이산에는 주취시(九曲溪)라는 9개의 험준한 계곡이 있다. 산 위에서 바라보는 경치는 절경이다.

다르질링의 다원은 가파른 산기슭에 위치한다.

난 뒤에 중국 측에 영국의 경수(센물)로도 잘 우러날 수 있는 약간 산화도가 높은 티를 생산하도록 유도하였는데, 그 결과로 만들어진 것이 '정화홍차'라는 설도 있다. 이 홍차는 찻잎의 색상이 보히 티에 비해 더 검은색에 가깝고, 우린 찻물도 짙은 홍색을 띠었다. 맛에서도 보히 티보다 쓴맛이 더 강하였고, 우유에 뒤지지 않는 감칠맛도 있었다.

그 당시 중국에서는 찻잎의 외관이 녹색인 것은 '녹차(綠茶)', 백색인 것은 '백차(白茶)', 검은색인 것은 '흑차(黑茶)'로 눈으로 보기에 따라 티를 분류하였다. 당시 새로운 가공 방식으로 만들어진 티는 외관상의 특징으로 '흑차'로 불러야 마땅하였지만, 기존에 흑차로 부르는 티가 따로 있었기 때문에 중국인들은 특별히 추출액의 색상에 따라서 '홍차*'로 분류하였다.

홍차의 가공 방식은 곧 인도로 전해진 뒤 산화도를 더욱더 높이기 위하여 찻잎의 유념 작업이 점차 기계화되었다. 오늘날의 홍차 가공 방식이 완전히 확립된 것은 20세기 이후였다.

---

* 오늘날 중국에서는 티를 가공 방식에 따라 나뉜다. 살청에 따라 찻잎이 녹색을 띠는 '녹차 ', 자연 건조로 인해 백호(白毫)로 뒤덮여 백색을 띠는 '백차', 후발효 과정을 거쳐 검은색을 띠는 '흑차', 부분산화로 인해 짙은 녹색인 '청차(우롱차)', 경미발효로 인한 누런색을 띠는 '황차'로 분류한다. 그런데 홍차는 가공된 찻잎이 검은색임에도 불구하고 그것을 우린 찻물이 홍색임에 따라 특별히 '홍차'로 부른다. 단, 서양인들은 가공된 홍차의 찻잎이 검은색이기 때문에 '블랙티(black tea)'로 부른다.

애프터눈 티의 유행

　1841년 영국의 명문가인 베드퍼드(Bedford) 가문의 7대 공작부인인 애나 마리아(Anna Maria, 1783~1857)는 시동생에게 보낸 서신에서 "나는 일전에 에스터하지(Esterhazy) 왕자와 함께 8명의 여자 손님들과 오후 5시에 티를 마셨다. 그는 청일점이었다"고 썼다. 이 5시의 티야말로 영국의 전통 문화로 성장하는 '애프터눈 티(afternoon tea)'였다.

　1804년경부터 마리아는 저녁이 되면 자기 방에 티를 나르도록 하인에게 시켜 티와 함께 버터를 바른 빵을 먹는 일로 하루 일과를 보내고 있었다. 이는 허기를 달래기 위한 것이었다. 이 시대에는 영국인들의 식생활에도 큰 변화가 일어나고 있었다. 종전에 오후 5시경부터 시작된 저녁 식사 시간이 8시에서 9시경으로 변화된 것이다. 가정용 램프의 보급으로 인해 근로 시간이 연장되고 저녁의 사교 활동이 유행하면서 자연히 저녁 식사 시간도 늦어진 것이다. 점심과 저녁 식사 간의 시간이 길어짐에 따

애나 마리아(Anna Maria, 1783~1857)는 애프터눈 티의 상징적 존재로서 지금도 홍차 음료의 이미지 캐릭터로 사용되고 있다/ J. 코크런트(Cochrant) 작품. 〈커트 매거진 · 벨 어셈블리(The Court Magazine and Belle Assemblee)〉 1834년판.

워번 애비의 광대한 정원에는 야생 사슴들이 군생하고 있다/존
프레스턴 닐(John Preston Neale) 1829년작, 1830년판.

라, 마리아는 초저녁이 되면 허기를 느끼면서 마음이 가라앉고 우울해지
는 일이 많았다. 이를 해결하기 위해 마리아는 간식을 먹는 습관을 가지
게 된 것이다.

마리아의 자택인 워번 애비(Woburn Abbey)에는 늘 수십 명의 손님들
로 붐볐기 때문에 부부는 항상 손님을 접대하느라 분주하였다. 공작이
남자 손님들과 함께 사슴 사냥을 즐기는 동안 마리아는 오후 5시 전후로
여자 손님들을 응접실로 초대해 과자와 함께 티타임을 즐겼다. '모두가
허기를 느끼고 있을 것'이라 생각하였기 때문이다.

마리아의 이러한 생각은 정확히 들어맞았다. 워번 애비에서 늦은 오후
에 즐기는 티는 수많은 손님들에게 호의적으로 받아들여졌다. 상류층의
여성들이 자유롭게 외출하는 일이 허용되지 않았던 시대, 애프터눈 티는
여성들이 마음을 놓을 수 있는 친구들과 함께 일반 가정에서 티를 마시
면서 편하게 대화를 나눌 수 있는 하나의 오락거리로 유행한 것이다.

19세기 후반에 일본이 개항하면서 애프터눈 티를 즐기는 실내에도 자포니즘 인테리어가 많이 도입되었다/시릴 H. 홀워드(Cyril H. Hallward), 〈일러스트레이티드 스포팅 · 드러매틱 뉴스(The Illustrated Sporting and Dramatic News) 1883년 11월 24일자호.

상류층의 애프터눈 티. 큰 거울과 고급스러운 꽃이 장식되고, 바닥에는 모피깔개가 놓인 실내에서 사람들이 안락한 분위기로 대화의 꽃을 피우고 있는 모습/1891년판.

마리아는 원래 빅토리아 여왕의 어머니를 모신 경험이 있었다. 그리고 1837년에 빅토리아 여왕이 18세로 즉위하였을 때도 여왕의 초청으로 궁정으로 들어갔다. 그러나 1841년 궁정 내의 정치적인 갈등에 휘말리면서 마리아는 궁 밖으로 나오게 되었다. 마리아와 개인적으로 친분이 깊었던 빅토리아 여왕은 그해 남편 앨버트공과 함께 워번 애비를 방문하였다. 이때 빅토리아 여왕은 마리아로부터 애프터눈 티의 대접을 극진하게 받았다. 그 뒤 애프터눈 티는 왕실에서도 열리게 되었다.

워번 애비에는 여왕이 머물렀던 방이 오늘날에도 당시 그대로 보존되어 있다. 다마스크(damask) 직물의 청록색 벽포(壁布)는 여왕이 좋아하던 사파이어 색상을 염두에 두고 붙여졌다고 한다.

여왕이 워번 애비에서 애프터눈 티를 즐겼다는 이야기가 나돌자, 초대받기를 원하는 손님들이 끊이지 않았다. 1859년에는 한 해에 1만 2000명의 사람들이 애프터눈 티에 초대되었다는 기록도 남아 있다. 이 기록에 따르면, 마리아는 워번 애비에서 하루 평균 30명에 가까운 손님들을 초대해 애프터눈 티를 즐긴 셈이다. 그렇게 많은 손님들과 오후에 티를 편안히 즐기기 위해서는 마리아뿐만 아니라 수많은 하인들의 숨은 노력들도 필요하였다.

상류층의 애프터눈 티

    당시 상류층에서 즐기던 애프터눈 티의 모습을 잠시 소개한다. 애프터눈 티를 열 때 첫 번째로 해야 할 일은 초대 손님을 정하는 일이다. 이는 물론 안주인의 몫이다. 빅토리아 여왕의 시대에는 신분 계급의 의식이 강하였기 때문에 초대 손님을 고르는 데 특히 신경을 써야 했다. 이쪽의 체면을 세워 주면 저쪽의 체면이 서지 않아, 안주인 혼자서는 결정을 내리기가 종종 어려울 때도 있다. 이때 좋은 후원자가 된 것이 집사였다. 집사는 한 가문을 세습적으로 섬기는 경우가 많았기 때문에 다른 가문에서 시집온 안주인보다 그 가문의 이해관계에 대해 더 잘 알고 있었다. 그리고 다른 가문의 집사들과 상호 네트워크를 구축하고 있던 집사들은 안주인에게 보다 더 적절한 조언을 할 수 있었던 것이다.

1855년 당시 유행한 프랑스 스타일의 드로잉 룸. 빅토리아&앨버트박물관 소장/새뮤얼 올 레이너 (Samuel Al Rayner) 1855년작.

애프터눈 티에 사용된 장소는 '드로잉 룸'으로 불리는 응접실. 우아한 기분으로 티타임을 즐길 수 있도록 인테리어에도 세심한 주의를 기울였다. 실내 테마 컬러에 따라 직물의 색상도 통일하였다. 시대의 양식을 고려해 가구를 배치하고 손님들의 눈을 즐겁게 하는 그림을 선택하는 일도 모두 안주인의 지시에 따라 이루어졌다. 여기에는 높은 수준의 교양이 필요하였기 때문이다.

응접실을 티끌이 하나도 없이 깨끗한 상태로 항상 유지하는 일은 수석 가정부와 실제로 일하는 하녀의 일이었다. 특히 샹들리에와 벽난로의 청소는 중노동이었다. 애프터눈 티가 유행하면서 대저택에는 테마 색상이 서로 다른 여러 응접실들이 마련되면서 그 관리도 점점 더 힘들어졌다.

티 도구의 세트도 방의 인테리어와 조화를 이루도록 마련되었다. 빨간색을 기조로 한 방에는 빨간색이 들어 있는 찻잔을 놓고, 로코코풍의 화려한 방에는 금이 많이 사용된 우아하고도 화려한 찻잔을 놓았다. 또한 남성들이 주요 손님인 디너에서 금기로 통하는 꽃무늬의 사랑스러운 티 세트는 여성들이 주요 손님인 애프터눈 티에서는 큰 인기를 끌었다. 손님들을 깜짝 놀라게 만들고 감탄시킬 만한 티 도구 세트를 선택하려면 최신 유행을 따르는 일도 꼭 필요하였다. 그 밖에도 가문을 상징하는 문양이 들어간 식기를 따로 주문해 제작하는 일도 있었다.

식기는 모두 고가였기 때문에 부엌과는 별도로 마련된 식기실과 은그릇 보관실에 진열하면서 매우 조심스럽게 다루었다. 일부 하인들의 비양심적인 행위로 인해 '분실'되는 일이 없도록 대부분 저택에서 집사의 방은 식기실과 직접 통하는 구조로 되어 있었다. 응접실 자체에 큰 캐비닛을 비치해 두고 여기에는 실제로는 사용하지 않는 아름다운 장식용의 식기를 진열하여 초대된 손님들의 눈을 즐겁게 만들었다.

영국 체셔주 테이턴 파크(Tatton Park)에서는 방 전체를 식기 보관고로 활용한 모습을 볼 수 있다. 테이턴 파크는 영국의 역사 기념공원이다.

체셔주 테이턴 파크에 가면 스틸 룸에서 애프터눈 티용 푸드를 만들기 위해 주방 식기들을 준비해 놓은 모습을 볼 수 있다.

티 푸드는 초대된 손님의 취향과 유행을 고려하여 '스틸 룸(still room)'에서 일하였던 스틸 룸 메이드가 만들었다. 스틸 룸은 본래 증류주를 만드는 증류실을 가리켰다. 최소한의 약학 지식이 있는 안주인이 약초를 달이거나 약효성 식물로 증류주를 만드는 곳이었지만, 이 시대에는 가정부가 티타임을 위하여 다과와 잼을 만드는 장소로 변하였다.

스틸 룸은 부엌과 비교하여 냄새가 없고 온도의 변화도 적었기 때문에 과자를 제조하고 보존하는 데 적합하였다. 대저택에서는 애프터눈 티를 위하여 프랑스인의 전속 제과 장인을 고용하는 경우도 있었다. 제과장인들의 세계에서도 전문 분야가 있어서, '컨펙셔너리(confectionary)'라 불렸던 장인은 캐러멜, 봉봉, 캔디, 설탕을 입힌 과일을 포함해 엿 세공을 중심으로 만들었고, '페이스트리(pastry)'로 불렸던 장인은 마카롱, 수플레(soufflé), 무스(mousse), 타르트 등을 만들었다.

테이블을 장식해 덮는 테이블클로스(tablecloth)와 손님의 무릎을 덮는 작은 티 냅킨은 리넨 제품이 최고로 여겨졌기 때문에 리넨을 예쁘게 유지하는 세탁과 완벽한 다림질도 중요시되었다. 테이블에는 계절성 꽃이 장식되었지만, 꽃을 꽂는 것도 안주인의 지시에 따라 수석 가정부와 하녀들이 담당하였다.

애프터눈 티는 당일에 많은 손님들이 한꺼번에 방문하기 때문에 안주인과 하인들의 밀접한 연계는 필수적이었다. 집사와 그 보조역인 풋맨들은 손님들을 유도하고, 스틸 룸에서는 하녀들이 티를 끓이고, 접객 전문인 팔러 메이드(parlor maid)들도 안주인을 도왔다. 대규모의 애프터눈 티는 뷔페 스타일로 진행되었고, 에피타이저로는 샴페인이나 셰리 등의 술이 제공되었다. 안주인의 역할은 손님들에게 티를 수시로 따라 주면서 즐겁게 대화하는 것이었는데, 여기에는 지적 세련미와 매너가 필수적으로 요구되었다.

"YES AND 'LUSTRO' CLEANS THE SILVER
IN A FEW MOMENTS, WITHOUT RUBBING AT ALL."

은을 닦는 세제의 광고 포스터. 애프터눈 티에
서 사용하는 식기류를 아름답게 유지하는 일은
하인들의 몫이었다/루스트로 컴퍼니(The Lustro
Company) 광고, 1880년작.

빅토리아 시대에 애프터눈 티는 오후 4~5시에 시작되었고 시간은 길
어도 2시간 정도 되는 모임이었다. 8시부터 시작되는 디너에 초대된 손
님은 애프터눈 티에서 다과를 너무 많이 먹지 않는 것이 에티켓이었다.
애프터눈 티에 잠시 들렀다가 가야 하는 여성들은 모자를 쓴 채로 티를
마시기도 하였다.

애프터눈 티가 끝난 뒤에 식기를 닦는 일은 수석 가정부의 지시에 따
라서 집안 하녀와 스틸 룸 메이드가 도맡아 진행하였다. 일반적인 식
기와 조리 기구는 요리사가 관리하는 식기닦이 하녀인 스컬리 메이드

대저택의 애프터눈 티에서는 피아노나 바이올린의 라이브 연주가 자리를 더 빛나게 하였다. 애프터눈 티를 더욱더 우아하게 보내기 위한 피아노곡도 작곡되었다(「애프터눈 티(An Afternoon Tea)」, 로버트 카이저(Robert Keiser) 1902년 작곡, 1902년판.

(scullery maid)가 닦지만, 애프터눈 티에서 사용하는 고가의 식기는 하위 하인들에게는 맡기지 않고 수석 가정부가 직접 닦았다. 수석 가정부는 식기를 자물쇠가 달린 진열장에 넣기 전에 반드시 분실이나 손상이 없는지 엄격하게 확인하였다.

　애프터눈 티를 위하여 배후에서 움직이는 하인들은 애프터눈 티가 열리기 전인 오후 3~4시에 스틸 룸에 모여서 작은 티타임을 즐길 수 있었다. 이때는 남자 하인들도 동석하면서 소통이 활기차게 이루어졌다고 한다.

노동자 계층까지 사로잡은 만국박람회

절대 금주 운동은 영국에서 전국적으로 확대되었다. 국가는 노동자의 노동 환경을 개선하기 위해 인권 보호 사상에 기초한 고용 규정을 제창하였다. 아동의 노동과 장시간 노동의 규제, 최저 임금의 인상, 국민 생활에 필수적인 식료품의 가격 인하 등 노동자 계층을 지원하는 새로운 정책들이 속속 실행되면서 실업률도 점차 감소하였다. 남성들의 고용이 안정되면서 여성들도 노동을 하지 않고 육아 활동에 전념하여 가정을 지킬 수 있었다.

그런데 노동 환경은 개선되었지만 사람들의 오락거리는 매우 적었다. 따라서 영국 정부는 공원, 운동장, 도서관, 박물관, 동물원 등의 경제적인 부담이 적은 휴일 오락 시설을 많이 만들었다. 그리고 1851년에는 노동자 계층들도 크게 주목한 세기의 이벤트로서 만국박람회가 세계 최초로 런던에서 열렸다.

이 만국박람회는 산업혁명의 선구자인 영국이 높은 기술력을 외국에 과시할 목적으로 개최된 것이었지만, 국민들에게는 큰 오락거리이자, 대형 이벤트였다. 입장료가 5실링이었던 것이 개최 1개월 뒤부터는 월요일부터 목요일까지에 한하여 1실링으로 인하된 것도 노동자 계층의 만국박람회에 대한 관심을 크게 높인 요인이 되었다. 또한 세계 최초로 투어 이벤트도 기획되면서 시골 마을에서 기차를 타고 만국박람회를 보러 오는 사람들도 많았다.

약 5개월의 개최 기간에 만국박람회에 입장한 인원수는 600만 명에 이르렀고, 그 수익은 약 18만 파운드에 달하였다. 성공의 비결은 입장료를 저렴하게 낮추고, 모든 계층의 사람들에게 문을 연 것이었다고 할 수

1847년에 개장한 런던 동물원은 시민들의 휴식 공간으로 자리를 잡았다/1930년판.

박물관 내에 입점한 레스토랑 '그릴룸(The Grill-Room)'. 사람들은 미술품을 감상하면서 식사를 즐겼다/〈그래픽(The Graphic)〉 1871년 5월 20일자호.

제5장. 절대 금주 운동과 애프터눈 티의 유행

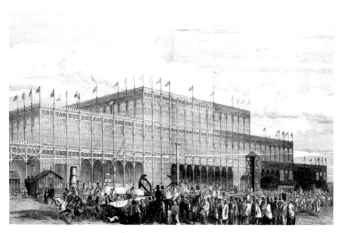

만국박람회장은 오직 유리와 철골로만 건축되었다. 수정궁으로 보이기 때문에 '크리스털 하우스(Crystall House)'라고 불리면서 큰 화제를 모았다/〈일러스트레이티드 런던뉴스(The Illustrated London News) 1851년 8월 2일자호.

1872년 크리스털 하우스에서는 약 5000명 규모의 금주 운동 집회가 열렸다. 이 집회에서 음악을 연주하였던 밴드오브호프(Band of Hope)는 1847년에 노동자 계층의 어린이들을 대상으로 금주 운동을 전개할 목적으로 결성되었다. 금주 운동은 이 당시 절정기를 맞았다/〈그래픽(The Graphic)〉 1872년 1월 27일자호.

있다. 물론 절대 금주는 만국박람회에서도 철저하게 준수되면서 술 대신에 홍차가 판매되었다.

만국박람회가 종료된 뒤, 대부분의 전시품들은 각국에서 호의를 베풀어 영국 정부에 기증되었다. 그 전시물의 수가 엄청나게 많았기 때문에 영국 정부는 그것들을 전시할 '산업박물관'을 설립하였다. 설립 비용은 만국박람회의 수익으로 충당되었다. 이 산업박물관은 훗날 '빅토리아 · 앨버트 박물관'으로 개칭되었다. 이 산업박물관의 입장료는 모든 사람들이 예술 작품을 감상할 수 있도록 무료였으며, 특정한 날에는 밤에도 개장하여 퇴근길의 노동자들도 즐길 수 있도록 하였다.

산업박물관은 내부의 전시물을 모두 보려면 하루 종일 걸릴 정도로 넓었기 때문에 곳곳에는 여러 스타일의 레스토랑들이 들어섰다. 박물관 내부에 식사 공간이 설치된 세계 최초의 사례였다. 그 레스토랑 중 하나인 '그린다이닝룸(Green Dining Room)'은 당시 미술, 공예의 혁신 운동인 '아트 앤 크래프트(arts and crafts)' 운동의 중심인물인 윌리엄 모리스(William Morris, 1834~1896)가 디자인하였다. 이러한 레스토랑에서는 식사와 홍차를 모두 주문할 수 있었다.

그 뒤에도 영국 정부는 만국박람회의 수익으로 과학박물관, 자연사박물관 등의 수많은 공공시설들을 건립하였다. 휴일에 부담 없이 놀러 갈 장소가 생겨나자, 사람들은 좁은 집에서 야외로 나오면서 술의 유혹에서 점차 벗어날 수 있었다. 1886년에는 13세 이하의 어린이들에게 모든 주류의 판매를 금지하는 법률이 제정되면서 어린이를 대상으로 한 건전한 생활의 터전이 비로소 완성되었다.

신차를 신속하게, 티 클리퍼의 대활약

　1860년대에 등장한 '티 클리퍼 레이스'는 노동자들도 열광하는 국민적인 오락거리로 성장하였다. 1849년에 항해 조례가 폐지되면서 영국 항구에는 이제 외국 선박들도 자유롭게 드나들 수 있었다. 이는 1721년 이후로 약 130년 만의 일이었다. 순차적으로 입항하는 다양한 형태의 외국 선박들 중에서도 미국의 쾌속 범선인 '클리퍼(clipper)'는 사람들로부터 큰 관심을 받았다.

　1805년 12월 미국의 클리퍼 '오리엔탈호(Oriental)'는 홍콩만에서 500톤의 티를 싣고 97일이라는 최단 기일의 기록을 세우면서 런던에 도착하였다. 영국 동인도회사의 운송 기일의 절반밖에 안 걸리는 엄청난 속도였다. 클리퍼로 운송한 티는 영국 상선이 운송한 것보다 두 배나 비싼 가격으로 팔렸다.

　클리퍼라는 명칭은 미국의 독립 전쟁 전후에 구어로 '질주하다'는 뜻인 '클립(clip)'이라는 용어에서 유래하였다. 당시 미국의 근해는 밀수선과 해적선들에게 더할 나위 없이 훌륭한 활동 무대로서 당국의 단속 선박을 제치는 데에도 빠른 속도가 필요하여 개량이 거듭되었고, 그 과정에서 '클리퍼'라는 쾌속선이 탄생한 것이다.

　그 당시 중국에서 생산된 신차는 영국인들의 식탁에 오르기까지 약 1년 반이라는 시간이 필요하였다. 그러나 쾌속 범선인 클리퍼가 등장하여 운송 시간이 단축되면서 이제 신차를 생산된 당해에 즐길 수 있었던 것이다. 빨리 도착한 티는 향기롭고 맛도 좋아 영국인들은 신선한 티를 선호하였다. 클리퍼로 수송된 티는 예전보다 1톤당 2파운드 이상의 수익을 낼 수 있었기 때문에 영국의 티 상인들은 애국심도, 체면도 버리

1850년 에어리얼호의 모습을 담은 그림. 철제 프레임에 목재 외판을 붙여 건조시킨 얇은 유선형의 선체는 물의 저항이 적다. 또 세 개의 돛은 약 1620제곱미터의 면적에 걸쳐 바람을 최대한으로 받을 수 있었다. 그 결과 선박은 평균 시속이 22~24km/h, 최대 시속이 28km/h나 되었다/1925년판.

활기로 넘쳐 나는 템스강가의 도크 모습/윌리엄 배젓 머레이(William Bazett Muray), 〈일러스트레이티드 런던뉴스(The Illustrated London News)〉 1877년 12월 8일자호.

제5장. 절대 금주 운동과 애프터눈 티의 유행

상하수도 시설의 완비로 안전한 식수를 공급

19세기 런던에서는 인구의 증가와 공장의 폐수로 인해 식수의 안전성과 생활용수의 부족이 큰 사회 문제로 떠오르면서 상하수도 시설의 정비가 진행되었다. 또한 영국 정부는 1855년 수인성 전염병인 콜레라와 티푸스의 발생을 예방하기 위하여 '하천수를 사용할 경우에는 반드시 여과시켜 사용해야 한다'는 내용의 지침을 내리고 의무화하였다. 그러한 가운데 공교롭게도 1861년 빅토리아 여왕의 남편인 앨버트공이 장티푸스(후대의 연구에서는 위암일 가능성이 높아졌다)로 서거하였다. 이를 계기로 영국 정부에서는 상하수도 시설의 정비에 박차를 가하였다. 그로 인해 19세기 후반 런던의 상하수도 시설은 다른 국가들보다 비약적으로 발전하였다. 맛있는 티를 즐기려면 무엇보다도 안전한 식수가 필요하다. 영국에서 티가 국민 음료로 자리를 잡게 된 데에는 상하수도의 정비도 큰 역할을 하였다.

런던 플리트스트리트(Fleet Street)의 상하수도 공사 현황을 전하는 뉴스/〈일러스트레이티드 런던뉴스(The Illustrated London News)〉 1845년 10월 4일자호.

고 오직 이윤을 위하여 오리엔탈호를 비롯한 미국의 클리퍼와 계약을 맺었다. 이에 당황한 영국의 조선 업체는 미국에 대항할 수 있는 클리퍼의 건조에 나섰다. 그리하여 영국에서도 1850년에 스코틀랜드의 애버딘(Aberdeen) 조선소에서 처음으로 쾌속 범선이 만들어졌다.

1850년대 후반 들어 클리퍼 간의 시간 단축을 위한 경쟁이 벌어졌다. 티 클리퍼 레이스의 황금시대가 도래한 것이다. 향기가 진하고 맛도 훌륭한 신선한 티를 가장 빨리 운송해 온 클리퍼가 큰 주목을 받기 시작하였다. 먼저 도착한 티는 고가로 거래되었고, 선주와 선장은 막대한 부와 명예를 거머쥐었다. 신차를 보다 빨리 매장에 진열하고 싶은 티 상인, 더 빨리 운송한 배와 차기 전속 계약을 맺고 싶은 티 상인, 구경꾼들로 항구는 북적거렸다. 1856년부터는 우수한 성적을 거둔 클리퍼에 고액의 계약금과 포상금이 지급되면서 선박 승무원들의 성취동기가 하늘을 찌를 듯이 상승하여 티 운송의 품질도 더욱더 향상되었다.

내기를 좋아하는 영국인들은 티를 싣고 가장 먼저 입항하는 선박을 놓고 도박판을 벌였다. 이 도박판에는 누구나 참가할 수 있었기 때문에 티 클리퍼 레이스는 해가 거듭될수록 격렬해졌다. 농민이나 상인을 불문하고 사람들은 배팅한 선박이 어찌될지 마음을 졸이면서 해사(海事) 신문 등에서 클리퍼의 동향을 확인하거나, 템스강가의 술집에 모여서 레이스의 승패를 빨리 알아내려고 정보를 교환하였다. 특히 '에어리얼(Ariel)', '테이핑(Taeping)' 등 유명 클리퍼의 이름을 붙인 술집들도 등장해 각 클리퍼의 팬들이 모이는 장소가 되었다. 이곳에서 사람들은 경마나 조정 경기를 즐기는 느낌으로 클리퍼 레이스를 즐겼다. 티를 출하하는 계절은 4월과 6월이었으며, 중국의 티를 선적하는 항구는 광저우, 마카오, 상하이, 푸저우, 샤먼이었다. 그중에서도 가장 많은 선박들이 티를 싣고 출항한 항구는 푸저우였다.

지금까지 전해져 내려온 티 클리퍼 레이스의 이야기는 푸저우가 출항지였다. 그런데 푸저우 항구에 정박한 모든 클리퍼에 티를 동시에 선적할 수는 없었다. 이와 같은 상황으로 티를 싣는 선박에도 순서가 미리 정해졌다. 지난해에 런던에 가장 먼저 도착한 선박이나 중국의 티 상인들에게 호감이 가는 선박이었다. 따라서 먼저 선적하기 위하여 중국의 티 상인들에게 뇌물을 주는 경우도 많았다고 한다.

티의 선적은 낮과 밤을 가리지 않고 진행되었으며, 항해사는 티 상자를 검수하기에도 바빴다. 항해사는 자신의 선박에 티를 선적할 차례가 올 때까지 잠을 잘 수 없었기 때문에 먼저 선적하는 선박의 검수를 돕기도 하였다. 다른 승무원들은 곧 시작될 런던까지의 레이스에 대비해 선박과 항해 장비를 정비하는 데 여념이 없었다. 선박에 티 상자들이 모두 선적되면 차례로 근해로 나아가 티 클리퍼의 레이스를 시작하였다.

몇 개월에 걸친 해상 레이스는 수많은 드라마를 연출하였다. 특히 1866년 5월의 레이스는 역사에 길이 남을 만큼 격렬하였다. 이때 함께 경쟁한 클리퍼는 에이리얼호, 테이핑호, 서모필레호(Thermopylae), 세리카호(Serica), 팔콘호(Falcon), 테이칭호(Taitsing) 등 11척이었다. 폭풍 속의 인도양을 헤쳐 나와 같은 날에 희망봉을 통과한 배가 무려 4척이나 되었다.

9월 6일 아침, 템스강 하구의 항구에서 기다리던 사람들 앞에 첫 모습을 보인 클리퍼는 에이리얼호였지만, 그 뒤로 테이핑호가 바짝 뒤쫓고 있었다. 두 척의 클리퍼가 푸저우에서 런던까지 항해하는 데 걸린 기간은 99일이었지만, 그 시간적 차이는 불과 10분밖에 되지 않았다. 여기저기서 환호가 솟구치는 가운데 스릴감마저 느껴지는 상황이었다. 티 클리퍼의 레이스에서는 도크에 먼저 들어가는 선박이 승자로 결정되었다. 그런데 도크에 들어가려면 하구에서부터 작은 예인선이 끌어 주어야만 했다. 범선은 바람이 없는 하천을 스스로 주행할 수 없기 때문이었다. 템스강 하구의 항구에 가장 먼저 도착한 클리퍼는 에이리얼호였지만 안타깝게도 예인선과 잘 연결되지 않았다.

이때 관중들은 "빨리! 빨리!" 외치면서 손에 땀을 쥐었다. 그런데 마침 뒤따라왔던 테이핑호가 재빨리 예인선과 연결되면서 순식간에 에이리얼호를 제치고 도크로 먼저 들어왔다. 예인선과의 연결이 승패를 가른 것이다.

티를 수송하는 데 클리퍼가 대활약을 펼치는 가운데 다른 한편에서는 지중해와 홍해를 잇는 수에즈운하의 건설이 순조롭게 진행되고 있었다.

템스강가에 늘어선 술집과 레스토랑에는 클리퍼의 입항을 애타게 기다리는 사람들로 붐볐다/제임스 티쏘 (James Tissot), 〈그래픽(The Graphic)〉 1873년 2월 8일자호.

티 클리퍼인 에이리얼호와 테이핑호가 경쟁하는 모습. 대회 규칙상 테이 핑호가 승리하여 당사자들에게 상금이 전달되었지만, 그들은 상금을 에 이리얼호 측과 나눠 가질 것을 제안하였다. 이러한 스포츠맨십은 미담 으로 영국 전역에 전해졌다/토머스 골즈워스 더턴(Thomas Goldsworth Dutton) 1866년작, 1950년판.

프레더릭 존 호니만(Frederick John Horniman)은 자비로 세계 희귀 동물의 박제와 화석 등을 수집하여 '호니만 박물관'을 세웠다.

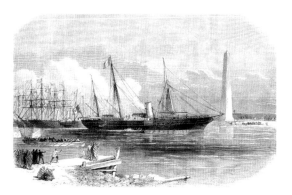

수에즈운하 개통을 전하는 뉴스. 이 운하의 개통으로 인해 아프리카 대륙의 희망봉을 돌아가지 않아도 유럽과 아시아를 왕래할 수 있었다/〈일러스트레이티드 런던뉴스(The Illustrated London News)〉 1869년 11월 11일자호.

이 수에즈운하가 완공된 뒤에는 중국과 영국 간의 예상 항해 일수가 약 40일로 단축되었다. 이는 클리퍼 항해 일수의 절반밖에 되지 않았다. 수에즈운하는 인공적으로 만든 폭이 좁은 운하로서 파도가 없고 바람도 불지 않기 때문에 범선은 통과할 수 없었다. 이로써 쾌속 범선인 클리퍼의 운명은 이미 결정되었다. 1869년 11월 17일 마침내 수에즈운하가 개통되면서 티 클리퍼는 그 시대적 역할을 다하면서 역사 속으로 사라졌다. 1872년을 마지막으로 티 클리퍼 레이스도 막을 내리면서 클리퍼는 티 무역의 운송선에서 벗어나 양모를 운송하는 화물선이나 관광객들을 태우는 여객선으로 활용되었다. 그런데 '티 클리퍼'라는 이름은 약 100년 뒤 '장미'의 이름으로도 붙여졌다. 이 장미는 티 클리퍼 레이스로 막대한 부를 축적한 티 상인이었던 프레데릭 호니먼(Frederick John Horniman, 1835~1906)의 사후 100주년을 기념하여 2006년에 개발된 것이다. 이러한 장미는 오늘날 전 세계의 장미 애호가들로부터 수많은 사랑을 받으며 곳곳에서 재배되고 있다.

한편, 티 클리퍼 함께 영국의 동인도회사도 종말을 맞이하였다. 티의 역사와 함께 걸어온 영국의 동인도회사는 중국, 인도와 독점 무역의 특권을 잃었다. 또한 1857년 인도에서 용병과 농민들이 반영 운동으로 일으킨 '세포이의 항쟁(Sepoy Mutiny)'을 계기로 영국 동인도회사가 인도 내에서 보유하던 모든 권력을 영국 국왕에게 이양하였다. 1874년 배당금의 지불도 끝나면서 영국의 동인도회사는 조용히 그 간판을 내렸다. 끝까지 남은 직원도 2명밖에 없었다고 한다. 사후 정리가 끝나고 인도에서는 1877년 빅토리아 여왕을 황제로 추대하여 영국령 인도제국이 성립되었다.

찻잔으로 둘러보는 영국 홍차의 역사

17세기 동양에서 수입된 블루 앤 화이트 양식의 찻잔 세트. 18세기에 영국에서도 도자기 산업이 발달하면서 채색의 찻잔들이 탄생하였다. 그 뒤 새로운 소재들이 개발되면서 크림웨어(cream ware), 재스퍼웨어(jaspar ware), 본차이나(bone china) 등의 새로운 찻잔들도 잇달아 탄생하

1.

블루 앤 화이트 티볼
스포드(Spode)/1805년~1833년

2.

채색 티볼
민턴(Minton)/1810년

3.

크림웨어
웨지우드(Wedgwood)/1940년

4.

재스퍼웨어
웨지우드(Wedgwood)/1930년

5.

신고전주의
로열 덜턴(Royal Dulton)/1913년

6.

이마리 패턴
로열 크라운 더비(Royal Crown Derby)/1863년~1867년

7.

블루 앤 화이트
스포드(Spode)/1990년

8.

빅토리안
힐디치(Hilditch)/1830년~1850년

였다. 찻잔의 디자인은 찻잔 단독으로 결정되는 것이 아니라 항상 실내 인테리어와 연관되었다. 홍차를 마시기 위해 만든 아름다운 찻잔들에 대해서는 『영국 찻잔의 역사, 홍차로 풀어보는 영국사』(한국티소믈리에연구원)을 참조하길 바란다.

9.

소화병
민턴(Minton)/1891년~1920년

10.

자포니즘
로열 우스터(Royal Worcester)/1891년

11.

아르누보
아인슬레이(Aynsley)/1934년~1939년

12.

아르데코
셀리(Shelley)/1930년~1933년

13.

포춘컵
패러곤(Paragon)/1930년

14.

플라워 핸들
멜바(Melba)/1930년

15.

현대
로열 덜턴(Royal Dulton)/1997년

희소가치가 높은 산지, 다르질링

인도의 다르질링은 콜카타에서 북부로 600킬로미터 거리에 있다. 서벵골주 최북단에서 부탄과 네팔 사이를 가로지르는 동히말라야산맥의 높이 8586m의 칸첸중가산 기슭에 위치한 고원이다. 원주민들이 '도르제 링(dorje ling)'이라 불러온 이 지역의 평균 해발고도는 2000미터가 넘는다. 티베트어로 '도르제(dorje)'는 '번개'를 뜻하고, '링(ling)'은 '장소'를 뜻한다. 따라서 이 지명은 히말라야산맥의 골짜기에 사는 사람들을 놀라게 하는 번개로부터 비롯된 것으로 알려져 있다. 이 지명이 영어식 발음으로 '다르질링'으로 변화하면서 본래의 의미는 사라졌다.

다르질링은 본래 네팔의 영토였다. 그런데 1816년 영국이 식민지의 확대를 노리면서 네팔과 전쟁을 벌였고, 이때 네팔이 패하면서 다르질링은 당시 친영 세력이었던 시킴 왕국으로 양도된 것이다. 이어 다르질링은 영국이 1835년부터 시킴왕국에 임대하는 형태로 하여 휴양 및 보호 구역으로 지정되었다. 이때부터 다르질링에는 극장과 별장 등 영국풍의 건축들이 들어서면서 마을들이 휴양지로서 크게 발전하였다.

다르질링 다원에서 바라보이는 칸첸중가산(Kangchenjunga).

1841년 다르질링 지역 최초의 지사가 된 아치볼드 캠벨(Archibald Campbell, 1805~1874) 박사는 집 앞마당에 중국으로부터 들여온 차나무의 종자를 뿌렸다. 그 뒤 차나무가 예상 밖으로 잘 자라면서 다르질링에서도 중국종의 차나무를 재배할 수 있다는 가능성이 확인되었고, 이를 계기로 다르질링 티가 상업적으로 생산되기에 이른 것이다.

다르질링 역 주변의 시가지 모습.

다르질링 다원을 시찰하는 영국인의 모습. 여성 노동자들이 찻잎을 따서 운반하고 있다/〈그래픽(The Graphic)〉 1880년 10월 16일자호.

다르질링은 1850년 정식으로 인도령이 되면서 사실상 영국의 지배를 받았다. 1851년 로버트 포춘(151쪽 참조)이 중국 푸젠성의 우이산에서 상하이, 콜카타로 운송하였던 차나무의 묘목과 종자들이 다르질링에까지 도착하였다. 이듬해 상업적인 다원이 3곳에서 조성된 것을 시작으로 1866년에는 38곳으로 늘었다가 1905년에는 184곳까지 확대되었다.

다르질링에는 오늘날 87개의 공식 다원이 있으며, 1947년 인도의 독립 뒤에도 식민지 시대와 변함없는 가공법으로 홍차를 생산하고 있다. 다르질링 티는 오늘날 연간 총생산량이 1만 톤에도 미치지 못한다. 이는 인도 전체 티 생산량의 1퍼센트도 채 되지 못한다. 그러나 전 세계에서 판매되는 다르질링 티는 그보다 4~5배에 이르는 것으로 알려져 있다. 이는 다르질링 이외 산지의 찻잎을 혼합한 상품들이 '다르질링 블렌드', '다르질링 티 사용' 등의 명칭으로 대량으로 유통되었기 때문이다.

이러한 시장 질서의 교란을 막기 위해 인도에서는 2011년 다르질링 티에 대하여 유럽연합(EU)로부터 '지리적 표시 보호 제품'으로 인증을 받았다. 이에 따라 EU 내에서는 5년의 유예 기간을 거친 뒤 다르질링 100% 원산의 티를 제외하고는 '다르질링(Darjeeling)'이라는 브랜드명을 사용할 수 없게 되었다. 인도 내에서도 다르질링 브랜드의 확립을 위하여 원산지 증명서를 발급하고, 취급 및 수입업자의 등록 제도도 실시하면서 원산지 보호 제도를 점차 강화하고 있다.

'홍차의 샴페인'으로 비유되는 아늑하고도 아름다운 황금색의 찻빛, 그리고 치자꽃과 머스캣 포도를 연상시키는 싱그러운 향, 깔끔한 떫은맛……. 로버트 포춘이 비경의 땅에 전한 홍차의 맛과 향은 오늘날에도 변함이 없다. 진품 다르질링 티는 그 희소가치로 인해 다른 산지의 티보다도 가격이 월등히 높다. 가짜에 속지 않으려면 홍차 전문점에서 '다원명', '수확기'가 명기된 진품을 구입하는 것이 훌륭한 처사이다.

티의 출하를 주제로 한 보드 게임인 「다르질링」/리오 그란데 게임즈(Rio Grande Games) 2007년 발표.

재미있는 티 컵의 등장, 콧수염 컵은 어떠세요?

절대 금주법이 제창되던 19세기 중반, 빅토리아 여왕의 남편 앨버트공의 트레이드마크
인 콧수염이 상류층에서 노동자층에까지 호응을 받으면서 폐하를 따라서 수염을 기르
는 남성들이 급증하였다. 그런데 이 콧수염은 보기에는 멋지지만, 티를 마실 때는 여간
불편한 것이 아니었다. 일반 찻잔으로 티를 마시면 콧수염이 젖어 버리거나 금방 오염
되어 버린다.

자랑스러운 콧수염을 적시지 않고 홍차를 마실 수 있는 방법은 큰 관심사가 되었다. 도
자기 브랜드 업체들은 마침내 콧수염받이가 달린 독특한 디자인의 찻잔을 선보였다.
이 티 컵은 '콧수염 컵'이라는 뜻으로 '머스태시 컵(mustache cup)'으로 불리게 되었고,
수작업으로 그림을 그려서 제작한 고가의 물품부터 단순한 디자인의 저가 물품에 이르
기까지 다양하게 제작되어 모든 계층의 남성들이 사용할 수 있었다.

콧수염받이가 있는 머스태시 컵. 남성용임
에도 여성용과 짝을 맞춘 디자인이 유행하
였기 때문에 귀엽고 앙증맞은 꽃무늬가 장
식되었다/영국제, 1890년산.

콧수염이 멋진 신사와 아름다운 숙녀들의 티타
임/〈일러스트레이티드 런던뉴스(The Illustrated
London News)〉 1875년 7월 3일자호.

머스태시 수저도 유행하였다.
이것은 매우 희귀한 골동품이다/
영국제, 1920년.

티 클리퍼, '커티 삭'

클리퍼 '커티 삭(Cutty Sark)'이 만들어진 것은 1869년이다. 커티 삭은 스코틀랜드어로
요정이 입고 있는 짧은 속옷, 슈미즈 드레스를 의미한다. 커티 삭은 18세기 스코틀랜드
의 시인 로버트 번즈(Robert Burns, 1759~1796)의 시에도 등장한다.

술을 마시고 싶거나
커티 삭이 마음에 떠오르거든
생각해 보라, 그 쾌감의 대가가
너무도 비싸지 않을지
「샌터의 탬(Tam O'Shanter)」의 암말을 떠올려 보라.

쾌속 범선인 커티 삭은 홍차 운송의 역할을 다한 뒤 양모를 나르는 선
박으로 사용되었다/커티 삭(Cutty Sark) 광고, 1972년.

커티 삭의 뱃머리에 장식된 내니의 흉상.
말의 꼬리를 한 손에 쥐고 억울한 표정으
로 탬을 노려보는 모습이다.

요정 내니가 탬이 타고 달리는 말의 꼬리를 잡은 순간
의 그림/〈일러스트레이티드 런던뉴스(The Illustrated
London News)〉 1844년 1월 6일자호.

술꾼 탬은 어느 날 밤에 친구와 술을 마시다 귀가하던 중 교회에서 속옷 차림으로 춤을 추는 요정 내니의 모습을 보게 되었다. 조용히 지켜보고 있던 탬이었지만, 그 풍만한 육체에 점점 흥분하여 "잘한다! 커티 삭!"이라 무심코 외쳤다. 놀라고 화난 요정 내니는 허둥대며 말을 타고 도망치는 탬을 쫓아간다. 물을 싫어하는 요정이 강을 건널 수 없다는 사실을 알고 있는 탬은 강으로 향한다. 그러나 내니는 말이 강을 건너기 직전에 그 꼬리를 붙잡았다. 불쌍하게도 암말의 꼬리는 빠져 버렸다.

클리퍼 '커티 삭'의 뱃머리에는 가슴을 드러낸 속옷 차림 내니의 흉상이 장식되어 있다. 탬을 쫓는 내니의 필사적인 표정은 '사냥감을 놓칠 수 없다(경기에 이기겠다)'는 기백이 넘치고 있다. 그리고 물을 싫어하는 내니 덕분에 내니가 있으면 배가 침몰하지 않으리라는 기원도 이 클리퍼의 이름에 담겼다. 오늘날까지 세계에 남아 있는 클리퍼는 이 '커티 삭' 한 척뿐이다. 커티 삭은 티 무역의 역사를 말해 주는 소중한 문화유산으로서 영국의 그리니치에 전시되어 있다.

빅토리아 시대의 애프터눈 티

빅토리아 시대의 애프터눈 티를 모티브로 한 앤티크 그림(다음 페이지 첫 번째)을 소개한다. 티 테이블 위에는 순은제의 주전자가 놓여 있다. 주전자의 밑에는 보온용 받침대가 있다. 추운 겨울날에도 홍차가 식지 않도록 고안된 것이다. 주전자는 방의 인테리어에도 걸맞게 장식성이 강한 세공품이 선호되었다. 재미있는 것은 주전자 주둥이에 달려 있는 티 스트레이너(거름망)이다. 소쿠리 모양의 티 스트레이너는 오늘날에는 거의 볼 수 없지만, 당시에는 매우 흔한 것이었다. 테이블 한 곁에는 밀크 피처도 놓여 있다. 주전자의 크기와 비교하면 약간 큼직하게 보인다. 이는 영국인들이 홍차를 마실 때 우유를 듬뿍 넣어 마시는 습관이 있었기 때문이다.

한편, 애프터눈 티의 주역이라 할 수 있는 것이 찻잔인데, 상류층 저택에서는 손으로 직접 그림을 그린 찻잔이 선호되었다. 사진에서는 여성의 시선이 찻잔 속을 향하고 있다. 그 이유는 당시 유행한 '홍차 점'을 보고 있기 때문이다. 찻잔 바닥에 남은 찻잎의 모양과 위치로 운세를 점치는 홍차 점은 당시 상류층의 여성들 사이에서도 인기가 높았다.

여성들이 입고 있는 옷은 애프터눈 티의 의상으로 선호된 '티 가운'이다. 티 가운은 상

우아한 티 가운을 입고 어느 겨울 오후에 티
타임을 즐기는 귀부인/〈하프스 바자(Harpers
Bazar)〉 1896년 2월 22일자호.

여성을 위한 크리스마스 선물의 특집 기사 중
에 티 가운이 등장하였다. 티 가운은 당시 여
성들에게 큰 동경의 대상이었다/〈스케치(The
Sketch)〉 1896년 12월 23일자호.

1910년경에 유행한 티 가운의 패션 복원도/애나 M. 랭크퍼드(Anna M. Lankford) 1910년작, 2003년판.

체를 숙여 홍차를 따를 때 가슴 부분이 보이지 않는 디자인이 선호되었다. 티 가운은 중산층 여성들 사이에서도 티 파티 복장으로 유행하였다. 우아한 분위기를 자아내기 위해 가운의 길이는 길게 잡았다.

애프터눈 티는 실내에서 즐기는 사교였기 때문에 이때 입는 티 가운은 움직이기 쉽고 편하면서 허리를 죄지 않도록 느슨하게 만들었다. 원단은 여성스러움을 연출하기 위하여 부드러우면서도 약간 비쳐 보일 듯한 소재가 선호되었으며, 레이스의 주름 장식도 인기였다. 원하는 티 가운을 전문점에서 맞추는 여성도 있었고, 집에서 손수 바느질로 떠서 만드는 여성도 있었다. 아름다운 티 가운을 몸에 걸치는 행동은 티타임에서 안주인의 위상을 잘 드러내 주는 일이었다.

18세기에는 스푼 형태의 티 스트레이너인 '모트 스푼(Mote spoon)'이 등장하였다(위). 19세기 들면서 티의 산화도를 높이기 위하여 찻잎의 유념 작업이 강화되었다. 이와 동시에 찻잎의 크기도 작아지면서 스트레이너는 찻주전자 입구에 줄로 매달아 사용하는 '바구니형'으로 변모하였다(가운데). 20세기에는 손잡이가 달린 형태도 등장하였다(아래).

제 6 장

영국의 국민 음료, 홍차

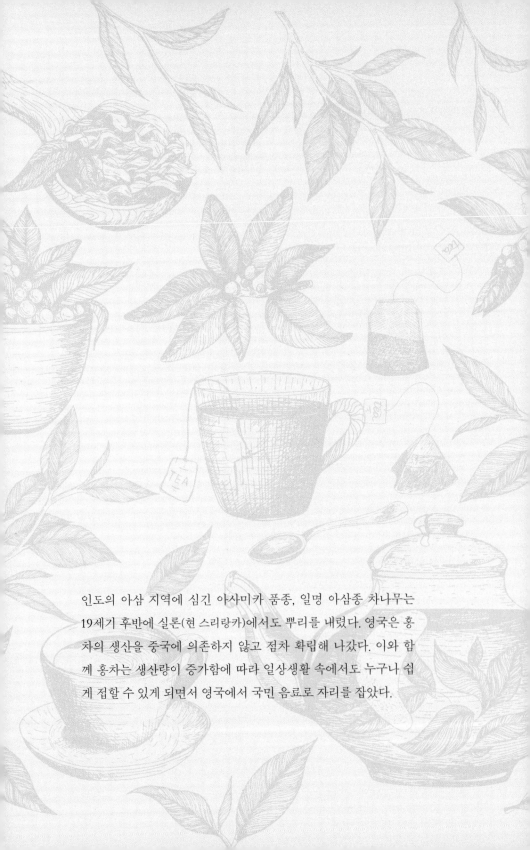

인도의 아삼 지역에 심긴 아사미카 품종, 일명 아삼종 차나무는
19세기 후반에 실론(현 스리랑카)에서도 뿌리를 내렸다. 영국은 홍
차의 생산을 중국에 의존하지 않고 점차 확립해 나갔다. 이와 함
께 홍차는 생산량이 증가함에 따라 일상생활 속에서도 누구나 쉽
게 접할 수 있게 되면서 영국에서 국민 음료로 자리를 잡았다.

중국의 의존에서 벗어난 티 생산

　수에즈운하가 개통되었을 때, 영국의 총리를 맡고 있던 윌리엄 글래드
스턴(William Ewart Gladstone, 1809~1898)은 1865년에 홍차에 관하여 다
음과 같은 시를 읊었다.

> 당신이 추울 때
> 홍차는 당신을 따뜻하게 할 것이다
> 당신이 더울 때
> 홍차는 당신을 시원하게 할 것이다
> 당신의 기분이 가라앉아 있을 때
> 홍차는 당신의 기운을 북돋워 줄 것이다
> 당신의 기분이 지나치게 고조될 때
> 홍차는 당신을 진정시켜 줄 것이다.

　홍차는 기쁠 때나 슬플 때나 사시사철 사람들 곁에 늘 함께 있었다. 홍
차는 이제 사람들의 생활 속에 깊숙이 자리를 잡았다. 그토록 소중한 티
를 더 싼 가격으로 공급하기 위하여 영국 정부는 당시 식민지였던 실론
(현 스리랑카)을 주목하였다.

1828년 스리랑카 누와라엘리야 지역
의 중심부에 세워진 우체국.

18세기말 신대륙의 광활한 식민지인 미국을 잃은 영국은 향신료, 커피의 주산지로 주목을 받고 있는 스리랑카를 손아귀에 넣기 위하여 당시 지배국이었던 네덜란드와 전쟁을 벌였다. 마침내 1796년 네덜란드와의 전쟁에서 승리하면서 영국은 당시까지 스리랑카에서 발전하였던 커피 산업을 오롯이 넘겨받았다. 1840년대 영국은 스리랑카의 고산 지대에 커피 농장을 개척하면서 그 재배 면적을 넓혀 나갔다. 당시의 스리랑카는 도서국가로서 인구가 적었기 때문에 남인도에서 타밀 사람들을 이주시켜 커피 농장의 노동자로 부렸다.

이와 동시에 인도에서 아삼종의 차나무가 발견되어 재배에 나섰다는 소식이 전 세계로 뻗어나갔지만, 당시 스리랑카에서는 커피 붐이 한창이었기 때문에 농장주들은 티에 대해 전혀 관심을 보이지 않았다. 그리고 스리랑카는 세계에서 두 번째로 큰 커피 산지로 성장하면서 영국에서 온 개척자들도 막대한 부를 축적하였다. 고산 지대의 마을에는 영국식 건축물들이 들어서고, 주점, 경마장, 골프장까지 생겨나 큰 시가지가 형성되면서 사람들은 이곳을 '리틀 런던'이라 불렀다.

그러한 스리랑카에서 홍차의 생산을 위하여 차나무가 재배되기 시작한 것은 1860년경부터이다. 그 계기는 당시 커피나무에 유행하던 전염병 때문이었다. 공기 중에 부유하면서 이동하는 미생물인 '헤밀레이아 바스타트릭스(Hemileia Vastatrix)'라는 균이 커피나무를 괴멸시키면서 커피 중심의 스리랑카 경제도 붕괴되었다. 이와 함께 커피 농장주들도 무더기로 파산하면서 그 대부분이 타밀 출신의 노동자들과 함께 인도로 철수하였다.

한편, 스리랑카에 잔류한 농장주들은 커피 다음의 작물로 '기나나무(quinine tree)'에 주목하였다. 기나나무는 본래 남아메리카 고산 지대가 원산지인 식물로서 그 목피가 전염병 말라리아에 특효가 있는 것으로 널

노동자와 함께 다원을 개척하는 제
임스 테일러/실론티센터(Ceylon Tea
Center) 홍보 팸플릿(1970년대).

제임스 테일러가 스리랑카에서 처음 개척한 '7번' 다원.

룰레콘데라의 다원은 홍차를 좋아하는
사람이라면 누구나 방문하고 싶은 다
원들 중의 하나이다.

리 알려져 있었다. 스리랑카에서 재배된 기나나무는 인도 아삼의 정글에서 말라리아로 고통을 받는 수많은 사람들의 생명을 구하였지만, 섬 곳곳에 기나나무들이 무분별하게 심기면서 수요에 비하여 공급이 과다하여 가격이 순식간에 폭락하였다. 이로 인해 별다른 수익을 내지 못한 농장주들은 다시 고부가가치의 다른 작물을 찾아나서야 하는 상황에 직면하였다. 그러던 중 농장주들은 인도에서 화제가 된 아삼종의 차나무에 눈길을 돌리게 된 것이다.

스리랑카에서 커피 재배에 처음으로 성공한 사람은 스코틀랜드 출신의 개척자인 제임스 테일러(James Taylor, 1835~1892)이다. 1835년 스코틀랜드에서 태어난 테일러는 9세 때 어머니를 여읜 뒤에 계모와의 관계로 사춘기를 괴롭게 보냈다. 친아버지의 사랑도 받을 수 없게 된 테일러는 1852년 16세의 젊은 나이로 스리랑카로 떠났다. 테일러는 캔디 근교에서 커피나무의 재배에 종사하였다. 그러나 농장주는 폭력적인 인물로서 이곳 역시도 테일러에게 마음의 안식을 주지 못하였다. 시대의 흐름에 따라 커피나무와 기나나무의 재배에 종사한 테일러는 1867년에 기나나무의 재배에 성공하면서 큰 인정을 받았다. 그 뒤 캔디의 한적한 시골 마을인 룰레콘데라(Loole Condera)에서 아삼종의 차나무를 재배하기 시작하였다.

테일러는 토지의 개간, 묘목의 육성, 티 가공 과정의 연구 등 수많은 난관들을 노동자들과 함께 하나하나 극복해 나갔다. 이윽고 1873년 테일러는 스리랑카에서 생산된 티를 런던으로 보내는 데 성공하였다. 이 홍차는 당시 런던의 티 상인들로부터 매우 높은 평가를 받았다. 당시 식민지에서 성공한 농장주들은 부를 웬만큼 축적하면 위풍당당하게 금의환향하는 것이 관례였다. 테일러는 자신을 기다려 주는 가족들이 없었기 때문에 오로지 차나무의 재배에만 전념하였다. 57세의 나이로 일생을 마감하기 직전까지 테일러는 독신으로 지내면서 다원의 일만 고수하는 외길

1861년 인도 콜카타(Kolkata)에서 티의 산지 경매가 시작된 모습. 1883년부터는 스리랑카의 콜롬보(Colombo)에서도 산지 경매가 개최되었다/홍차 업체 브루크본드의 트레이딩 카드, 1950년대.

인생을 보냈다. 차나무의 재배에 종사한 뒤로 테일러가 쉰 적은 인도의 다르질링에 티 가공 연수를 떠난 단 2주밖에 없었다. 이를 통해서 테일러는 소위 오늘날로 보자면, '일 중독'이었다는 사실을 알 수 있다. 더 말하면, 테일러는 자신이 죽기 전 날까지 다원에서 일만 계속하였다고 한다.

테일러의 주검은 그의 부하였던 노동자들의 손에 의해 캔디 인근의 기독교 묘지에 묻혔다. 묘지의 비석에는 다음과 같은 비문에 새겨져 있다.

테일러는 평생 독신으로 살다 갔다. 이곳 룰레콘데라는 그가 처음이자, 마지막까지 사랑한 곳이었다.

테일러가 개척한 이 룰레콘데라 다원은 스리랑카에서 가장 오래된 다원으로서 지금도 차나무를 재배하고 있다. 캔디의 실론티박물관에는 테일러에 관한 전시실이 따로 마련되어 있다. 그곳에는 윗부분이 깨진 접시가 놓여 있는데, 이는 테일러가 유년 시절부터 세상을 등지기 전까지 사용한 것으로 알려져 있다. 그러한 접시에는 이와 같은 글귀가 새겨져 있다.

제임스 테일러의 유물인 깨진 접시가 실론티박물
관에 전시된 모습.

요정들이 티를 마시러 오면

얼마나 좋을까

요정들이 '안녕' 하고 인사하면

빨리 오라고 해야지

그러면 재미있는 일들이 벌어지겠지.

　이 접시를 손에 든 순간부터 테일러의 운명은 티에 일생을 바치도록
미리 정해진 것일까? 테일러의 유년 시절인 1840년대 전후로 이와 같이
'티'를 주제로 삼은 시들이 접시에 새겨져 유통되고 있었다는 사실은 매
우 흥미롭다.

중산층을 위한 도서,
『비턴 부인의 살림 비결 : 완벽한 요리서』

19세기 중산층에서는 '여성이 있어야 할 곳은 가정'이라는 생각이 시대적인 통념이었다. 당시에는 남자는 바깥에서 일할 수 있는 경제적인 능력이 중요시되었고, 여성은 그러한 남편을 내조하면서 아이들을 사랑하고 키워 줄 수 있는 가정의 천사, 즉 '현모양처'로 처신하는 일이 이상적이었다. 그리고 여성들은 일상의 대부분을 가정에서 지냈기 때문에 관심사도 자연히 가정사일 수밖에 없었다.

'꽃을 아름답게 꺾꽂이하려면?', '케이크를 맛있게 만들려면 어떻게?', '파티를 훌륭하게 치르려면 뭐가 있을까?' 등 여성들이 생각해야 할 집안일들은 끝도 없이 많았다. 19세기 후반 상류층의 저택에서 처음 시작된 오후의 티타임, 즉 '애프터눈 티'는 그런 중산층의 여성들에게도 점차 중요한 사교 활동이 되었다.

그런데 산업혁명으로 부를 쌓아 중산층의 대열로 갓 합류한 여성들은 아쉽게도 티를 제대로 끓이는 방법, 즉 티타임의 예절에 익숙하지 않았다. 그러한 여성들에게 강력한 도움을 주면서 당시 절대적인 지지를 받은 책이 있었다. 바로 이사벨라 비턴(Isabella Beeton, 1836~1865)이 엮은 『비턴 부인의 살림 비결 : 완벽한 요리서(Mrs. Beeton's Book of Household Management : A Complete Cookery Book)』였다.

비턴 부인은 신흥 중산층에 속하던 건어물상의 집안에서 태어났다. 비턴 부인은 영국의 기숙학교에 진학한 뒤에 독일 하이델베르크의 기숙학교로 유학하여 프랑스어, 독일어, 피아노, 요리 등 여성으로서는 최고 수준의 교육을 받았다. 그리고 귀국한 뒤 1856년 당시 출판사를 경영하던

비누 광고에도 등장한 이사벨라 비턴의 모습/20세기 초반.

시대에 맞게 개정을 거듭하여 오늘날에도 깊은 사랑을 받고 있는
『비턴 부인의 살림 비결』/1930년판.

새뮤얼 비턴(Samuel Beeton, 1831~1877)과 결혼하였다.

비턴은 출판사를 통해 1852년부터 잡지인 〈영국 여성의 가정(English Woman's Domestic Magazine)〉을 발행하고 있었다. 이 여성 잡지는 요리, 바느질 등의 실용적인 내용, 시 · 소설 등의 문학, 역사 · 예절 등 교양인 문학, 의학, 그리고 독자 투고를 비롯해 인생 상담에 이르기까지 매우 다양한 내용의 기사들을 수록하였다. 비턴 부인은 유학 시절에 배웠던 풍부한 교양 지식을 되살려서 남편이 출간하던 여성 잡지의 편집 작업을 맡았다.

비턴 부부는 런던 교외의 신흥 시가지에서 요리사, 주방 하인, 가정부, 정원사를 각 1명씩 고용하면서 부유한 생활을 시작하였다. 그러나 겨우 나이 20세의 젊은 비턴 부인은 아직까지 하인들을 관리해 본 경험이 없었기 때문에 일가의 안주인으로서 위엄과 체통을 세우느라 상당한 고생을 치렀다고 한다. 이러한 경험을 바탕으로 남들에게 물어보기 어려운 내용을 여성들에게 알려주는 '백과사전식으로 가사 내용을 담은 책이 있으면 주부들에게 큰 도움이 될 것'이라는 생각이 들었다.

비턴 부인은 〈영국 여성의 가정〉에서 자신이 담당하는 칼럼을 편집 및 가필하여 1861년에 『비턴 부인의 살림 비결』을 출간하였다. 이 책은 초판을 출간한 해에 판매 부수만 6만 부를 기록하였다. 그런데 안타깝게도 비턴 부인은 1865년에 넷째 아들을 출산한 뒤 산욕열로 28세의 젊은 나이로 세상을 떠났다. 이 책은 1870년까지 무려 200만 부라는 놀라운 판매 부수를 기록하면서 세기의 베스트셀러가 되었다. 여기서는 『비턴 부인의 살림 비결』이 당시 중산층의 여성들에게 열광적으로 받아들여졌던 몇몇 이유들에 대하여 소개한다.

우선 2000종이나 되는 레시피를 소개하였다는 점이다. 그 내용은 영국뿐만 아니라, 독일에서 배운 것을 포함하여 국제적인 것들이었다. 물론 애프터눈 티에서 제공되는 다과의 레시피도 다수 수록되어 있다. 아이러니하게도 비턴 부인 자신은 요리에 미숙하였다고 알려져 있다. 소개된 레시피 중에서 실제로 자신이 개발한 메뉴는 10종밖에 되지 않았다. 그러나 비턴 부인이 소개한 모든 레시피들은 자신의 집에서 요리사와 주방 하인들이 직접 요리, 시식, 개량한 내용들이기 때문에 꽤 신뢰도가 있었다.

또한 인원수, 상황, 패턴별로 레시피를 소개한 것은 당시로서는 획기적인 일이었다. 또한 재료의 분량을 명확히 한 것도 초보 주부를 만족시켰다. 그 시대에 요리는 가정 내에서 전승되었기 때문에 재료의 분량이 명확히 기재된 요리 도서는 드물었다. 또한 비턴 부인은 이 가정 살림 도서에 안주인으로서 남편을 다루는 방법과 함께 조리 도구의 목록, 가격, 선택 방법에 대한 조언까지 실었다. 조리 도구의 항목에서는 티타임에 필요한 도구 세트에 관한 조언도 담겨 있다.

손님의 접대에 관한 항목도 초보 주부들에게 큰 도움이 되었다. 비턴 부인은 수많은 사람들과 교류하는 사교의 중요성을 설명하면서도, 아울러 이웃의 스캔들에 대해 비웃고 근거 없는 소문을 자주 이야기하거나 열중하는 사람들은 전염병처럼 피해야 한다고 설명하는 등 다양한 사례를 들면서 구체적으로 조언하였다. 또한 가정부를 채용하는 방법이나 교육하는 방법도 많은 주부들에게 큰 인기를 모았다. 티타임 때 하인들에게 일을 시키는 방법과 함께 은제품을 손질하는 방법 등의 도구 취급에 관한 교수법은 곧바로 활용할 수 있는 내용이었다.

다음으로는 『비턴 부인의 살림 비결』에 소개된 홍차를 우리는 방법들에 대하여 살펴본다. 책에 따르면, 먼저 물을 잘 끓인다. 비턴 부인은 티를 맛있게 우리는 데는 끓는 물을 사용하여 일단 찻잎이 퍼지도록 하는

『비턴 부인의 살림 비결』에 소개된 다양한 과자류의 레시피. 이 과자류 중에는 오늘날의 애프터눈 티에도 기본 메뉴로 등장하는 것들이 많고, 또한 장식품들과 함께 음식을 담을 때 참고할 수 있는 일러스트도 풍부하여 호평을 받고 있다/『비턴 부인의 살림 비결(Mrs.Beeton's Book of Household Management)』(1861년), 1888년판.

것이 중요하다고 설명하고 있다. 이때 찻잎의 양에 관해서는 1인당 1티스푼으로 하고, 거기에 티포트에 대응해 1티스푼을 추가하는 것이 좋다고 설명하였다.

가정에서 티를 블렌딩하는 방법도 다루고 있다. 예로써 녹차와 홍차는 1 대 4로 혼합하는 방법을 소개하고 있다. 또한 규모가 큰 파티에서 티를 우릴 경우에는 하나의 티포트를 사용하는 것보다 두 개의 티포트를 사용하는 것이 훨씬 더 편리하다는 조언도 있다. 또한 홍차는 한 번 우리면 성분들이 전부 추출되어 버리기 때문에 홍차를 한 잔 더 먹고 싶으면 앞서 사용한 찻잎을 버리고 새로운 찻잎으로 다시 우려내야 한다고 기록하고 있다.

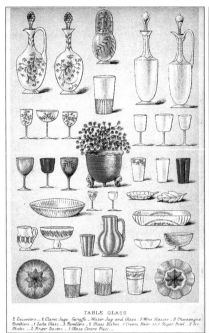

TABLE GLASS
2 Decanters ... 2 Claret Jugs ... Caraffe ... Water Jug and Glass ... 9 Wine Glasses ... 5 Champagne Tumblers ... 1 Soda Glass ... 3 Tumblers ... 2 Glass Dishes ... 1 Cream, River and Sugar Bowl ... 2 Ice Plates ... 2 Finger Basins ... 1 Glass Centre Piece ...

DINNER AND DESSERT CHINA.
4 Dinner Plates ... 4 Dessert Plates ... 2 Vegetable Dishes ... 1 Soup Tureen ... 1 Jug ... 1 Cheese Dish ... 1 Ice Pail ... 2 Salts ... 1 Strawberry Dish ... 1 Fruit Dish ... 1 Spoon Warmer ...

물이 끓으면 티포트에 부어 2~3분간 그대로 둔다. 그리고 티포트가 완전히 데워지면 물을 버린다. 다시 새로운 물을 붓기 전에 베이킹소다와 탄산염을 넣으면 찻잎이 보다 더 잘 우러난다. 이는 당시 빨래할 때 활용된 방법으로 물을 '연화'하는 것이 목적이었다.

비턴 부인은 이에 대하여 너무 많이 넣으면 비누 맛이 나기 때문에 적당하게 넣을 것을 주문하였다. 티포트가 데워지면 찻잎을 적당량으로 넣고 끓는 물을 부어서 우려낸다. 이때 우려내는 시간은 찻잎의 크기에 따라서 5~10분을 기본으로 한다고 소개하고 있다. 이 홍차를 끓이는 방법은 경도가 높은 영국의 물을 기준으로 한 것이다. 수질이 다른 곳에서는 권장할 수는 없지만, 당시 여성들에게는 든든한 가이드 책이었다. 『비턴 부인의 살림 비결』은 비턴 부인이 세상을 떠난 뒤에 다양한 연구자들의

『비턴 부인의 살림 비결』에 소개된 추천 식기들. 당시 유행한 자포니즘풍 디자인의 식기들도 보인다/『비턴 부인의 살림 비결(Mrs.Beeton's Book of Household Management)』(1861년), 1888년판.

손으로 시대에 맞게 편집, 가필, 수정되어 왔다. 오늘날에도 이 책은 영국의 주부들에게 '강한 응원군'으로 사랑을 받는 스테디셀러로 남아 있다.

비턴 부인이 하인의 교육에 대한 내용을 남긴 것처럼, 1859년에 발행된 『가사 고용인들의 현실과 이상』이라는 책에서도 가사 고용인들이 여는 티타임에 관한 규칙들이 기재되어 있다. 여기에는 안주인이 비록 허락한 파티일 경우에도 최소한의 규칙은 마련할 필요가 있다고 소개한다. 예를 들면, 가사 고용인인 하인들의 파티는 바깥주인이 외출하고 집에 없을 때 해야 하고, 하인들이 초대하는 친구나 가족의 인원수는 제한해야 한다는 것이다. 그리고 여성 하인이 남성을 초대할 경우에는 아버지, 오빠, 동생, 공식 약혼자에 한해야 하고, 티는 하인이 스스로 준비하도록 해야 할지, 주인집에 있는 것을 사용해도 좋다고 허락할지는 미리 규칙

『비턴 부인의 살림 비결』의 내용을 주제로 삼은 보드 게임. 문제에 모두 답할 수 있다면 비턴에 상당히 정통한 사람이다/수전 프레스콧 게임스(Susan Prescot Games Ltd.) 2006년 발매.

으로 정해 놓아야 한다는 것들이다. 이 책에서는 안주인을 위해 가정에서 발생할 수 있는 일에 대해 매우 상세하게 소개하고 있다.

또한 1883년에 발행된 『젊은 하인들을 위한 지침서』에는 하인들의 식생활을 관리하는 방법들이 나와 있다. 한 예로 홍차의 과음은 몸을 망친다는 내용도 등장한다. 또한 젊은 여성 가정부가 설탕을 대량으로 넣고 진한 홍차를 마시는 습관을 갖는 일은 현명하지 못한 일이라고 소개한다. 나중에 자신이 설탕을 구입할 때 그 가격이 얼마나 비싼지 알게 되면 좌절할 것으로 보았기 때문이다. 사실 티와 설탕은 당시 중산층의 사람들도 살 수 있을 정도로 가격이 비교적 낮아졌지만, 아직은 하위 계층인 하인들이 일상적으로 티에 넣고 마시기에는 여전히 부담스러울 정도였다. 안주인들 중에는 저녁 식사에 필요한 식재료들을 미리 준비시켜 놓은 뒤 식품 창고를 잠그고 외출하는 사람들도 많았다고 한다.

중산층 가정의 홍차

　중산층의 생활 속에 자리를 잡은 애프터눈 티는 19세기 후반에 다소 모습이 바뀌어 '가정 초대회'로 유행한다. 공식적인 초대 모임인 애프터눈 티와 달리, 가정 초대회는 좀 더 편한 사교 모임이었다. 초대자 측이 사전에 모임의 일시를 알리고, 손님은 그 일시 내에 적당한 시간에 맞춰 방문하는 약식 티 모임이다. 매주 일정한 요일의 오후에 개최하는 가정이 많았고, 이 날에 한해서는 사전 약속 없이도 방문이 허락되었다.

　가정 초대회의 경우에는 체류 시간이 보통 15~20분 정도가 기본이었다. 가정 초대회는 티를 즐긴다기보다는 얼굴을 보는 것이 중요하였다. 여성들은 그 자리를 빌려 정식 애프터눈 티와 저녁 식사의 약속을 하거나, 세상 이야기를 하거나, 새로운 친구를 서로 소개하는 등 짧은 교류 시간을 매우 효율적으로 활용하였다. 하루에 네다섯 가정을 순회하는 여성들도 있었다고 한다.

　방문한 가정의 안주인이 부재중일 경우에는 하인에게 자신의 이름을

친구를 방문하여 티타임을 갖는 모습. 당시 가정 초대회는 여성들에게 편안한 만남의 장이 되었다〈펀치 또는 런던 샤리바리(Punch or The London Charivari)〉 1860년 12월 15일자호.

방문 카드는 소유자의 개성을 반영하여 주로 제작되었다. 엠보싱으로 가공된 컬러 염색의 실도 인기가 높았다, 소유자의 이름은 캘리그래피로 쓰기도 했다/1870년대.

가정 초대회에서는 참석자들이 비교적 잠깐 머물고 떠나기 때문에 실내에서 모자를 쓴 경우도 많았다/〈펀치 또는 런던 샤리바리(Punch or The London Charivari)〉 1909년 4월 14일자호.

적은 '방문 카드(calling card)'를 건네주고 되돌아가는 것이 예의였다. 집에 들이고 싶지 않은 손님이 왔을 경우에는 하인에게 부재중이라고 말하게 하는 경우도 있었다고는 하지만, 기본적으로는 어떠한 손님도 환대하는 것이 당시에는 선량한 안주인의 귀감으로 여겨졌다.

중산층 가정에서는 아이들이 18세 성인이 될 때 최소한 스스로 손님 맞이는 할 수 있도록 어릴 때부터 교육하였다. 옛날에는 영유아의 생존율이 매우 낮았기 때문에 되도록 많은 아이를 낳아 길러야 하였지만, 빅토리아 시대 후반 들어 의학이 발달하면서 영유아의 사망률도 낮아져 한 여성이 출산하는 아이의 수도 점차 감소하였다. 이로 인하여 사람들의 관심은 소수의 아이를 훌륭하게 길러 내는 데 집중되었고, 따라서 자녀에게 들이는 비용도 점차 늘어났다. 아이들은 '내니(nanny)'라 불렀던 보모가 도맡아서 길렀는데, 주로 아이들 전용의 '너서리 룸(nursery room)'(유아방)에서 육아 업무를 보았다.

영국의 어린이들은 언제부터 홍차를 마시는지에 대해 관심이 있는 분들도 많을 것이다. 빅토리아 시대 후반에는 '크리스닝 티(christening tea)'가 관습으로 정착되었다. 이는 갓난아기의 세례식(생후 1개월~3개월경에 보통 진행)이 있은 뒤에 거행하는 애프터눈 티를 말한다. 크리스닝 가운이라는 하얀 옷을 입은 신생아의 입가에 식힌 밀크 티를 적신 레이스 수건을 갖다 대면서 아이가 장차 건강하게 성장하기를 빌면서 의식을 치렀다. 이때부터 영국의 아이들은 보통 젖병으로 홍차를 마시면서 성장한다고 한다. 이때 홍차는 성인들이 마시는 일반 홍차가 아니라 3~4배 정도의 낮은 농도로 희석한 뒤에 우유를 넣어 만든 신생아용 홍차였다. 홍차 업체의 광고에도 종종 신생아나 어린이들의 티타임이 등장한다.

아이들은 산책 시간 외에는 유아방에서 보모인 내니와 함께 지냈다. 옷을 갈아입히고, 식사를 차리거나 목욕을 시키는 일 외에 잠을 재우는

홍차 광고. 젖병에 든 밀크 티를 남자아이가 먹고 있다. 본래는 요람에 누워 있는 동생을 위한 것인데, 남자아이가 유혹에 못 이겨 동생의 것을 마시고 있다/조지 체이스(Geo. E. Chace)(티 중개인)가 〈커피 앤 스파이스(Coffee and Spice)〉에 낸 광고, 1890년.

것도 내니의 몫이었다. 그런 유아방에서의 티타임은 '너서리 티(nursery tea)'라고 하였는데, 아이들은 이 너서리 티를 통해 티에 관한 예절을 익혔다. 어른들이 저녁 식사를 먹는 시간이 보통 오후 8~9시였던 이 시대에는 너서리 티가 아이들의 저녁 식사가 되는 경우도 많았다. 이 경우에는 영양소를 충분히 섭취하기 위해 홍차, 우유, 소고기 수프인 콩소메(consommé), 샌드위치를 충분히 준비한 뒤에 비스킷이나 컵케이크 등의 달콤한 간식과 함께 곁들여 먹었다.

이로 인하여 아이들의 저녁 식사를 소위 '티'라고 표현하는 가정들도 많았다고 한다. 루이스 캐럴(Lewis Carroll, 1832~1898)이 1865년에 발표한 『이상한 나라의 앨리스(Alice's Adventures in Wonderland)』의 마지막 장면에서는 꼬마 소녀인 앨리스가 '이상한 나라의 모험'에서 깨어난 뒤, "티

어린이용 다기는 연령에 따라서 그 크기도 매우 다양하였다. 그리고 찻잔은 모두 도자기 제였다/J&P. 코트 베스트 식스 코드(Coats Best Six Cord), 화이트 · 블랙&컬러(White, Black & Colors), 포 핸드 · 머신(For Hand & Machine) 광고, 1880년.

시간에 늦겠어"라는 언니의 말을 듣고 집으로 돌아간다. 여기서 말하는 '티'는 아이들의 가벼운 저녁 식사를 가리키는 것이다.

당시 티를 마시는 방법에 대한 일종의 교육서인 『아이들의 예절서』에는 다음과 같은 내용들이 수록되어 있다. '아름다운 찻잔 세트 마련하기', '냅킨 접는 방법 익히기', '티 푸드 다루기', '테이블 세팅 방법 익히기', '초대 친구 선정하기', '예상 밖의 상황에 대처하는 방법 배우기', '몸짓이나 행동이 상대에게 주는 영향 배우기', '첫인상의 중요성 알기' 등이다. 이와 같은 내용들은 어린이들이 배우기에는 상당히 수준이 높은 것들이다. 또한 실전 편에서 아이들끼리 서로 티타임을 갖는 방법에 대해서도 다루고 있으며, 더욱이 시간 스케줄을 제안하거나 짜는 방법까지도 다루고 있다. 그리고 이러한 티타임은 친구들을 집으로 부를 수 있는 절호의 기회였고, 또한 자신의 성장한 모습을 부모에 보여 칭찬을 받을 수 있는 기회이기도 했다.

할아버지 댁에 초대된 어린 손녀. 손녀도 어른들 못지않게 예의 바르게 홍차를 즐기고 있다.

어린이들에게도 어른들과 마찬가지로 티타임에서 갖춰야 할 매너가 있었다. 티타임에서는 품위 있고 우아한 행동거지가 요구되었다/1998년판.

이러한 티타임을 가지려면 적어도 다음과 같은 일들을 처리할 수 있어야 한다. 예를 들면, '초대 손님을 정하고 초대장 보내기', '필요품의 구입 계획을 4일 전까지 정하기', '식탁보의 다림질과 레이스 준비하기', '은제 식기 세척', '티타임 당일에 샌드위치, 케이크, 티 준비하기' 등이다. 물론 이 사항들은 아이들이 혼자서 준비하는 것이 아니라 보모인 내니와 함께 진행한다. 이렇게 준비한 애프터눈 티의 완성도에 따라서 내니의 능력도 평가를 받기도 한다. 아이들의 모임인 만큼 게임도 진행되었고, 티타임이 끝난 뒤 각자 집으로 돌아갈 때는 선물도 많이 챙겨 주었다고 한다. 유아실에서 열리는 이와 같은 티타임은 아이들의 사회성을 길러 주는 데 중요한 역할을 하였다.

다음은 야외로 눈길을 돌려 살펴본다. 당시에는 중산층의 어른들도, 아이들도 모두 열광한 야외 모임이 있었다. 바로 '피크닉(picnic)'이었다. 본래 프랑스에서 시작된 피크닉은 18세기 말 영국으로 그 문화가 전해졌다. 1802년 런던에 '피크닉 클럽'이 생긴 것을 계기로 상류층 사이에서는 피크닉 붐이 일어났다. 그런데 이 시대의 피크닉은 오늘날과는 달리 연극이나 음악을 즐기는 '실내 파티'였다. 남녀가 함께 떠들어 대면서 무대 위에서 음악을 즐기는 등 당시로서는 풍기가 매우 문란한 행위였기 때문에 경찰들이 불침번을 서면서 감시하였다는 기사가 당시 신문을 장식할 정도였다. 이와 같이 피크닉은 처음에 실내 파티로 시작하였지만 점차 그 무대를 야외로 옮겼다.

야외 피크닉은 보통 상류층의 영지 내에서 열렸다. 농작물이 풍년을 맞은 해에는 친구들뿐만 아니라 영지 내에 거주하는 다른 계층의 사람들도 초대하여 피크닉을 개최하는 영주들도 있었다고 한다. 영국의 유명 여류 작가인 제인 오스틴(Jane Austen, 1775~1817)이 1815년에 발표한 『엠마(Emma)』 속에서도 영주가 주민들을 초대한 피크닉 장면이 묘사되어 있다.

상류층의 문화였던 피크닉은 19세기 후반부터 중산층의 오락 문화로 자리를 잡았다. 잘 정비된 공원, 공휴일의 제정, 그리고 철도의 발달 등

연못가에서 피크닉을 즐기는 사람들. 아름다운 은제 찻주전자와 자포니즘풍 디자인의 티포트 등을 볼 때, 영국인들은 야외에서도 실내에서와 마찬가지로 생활의 미를 추구하였다는 사실을 보여 준다(『피크닉(The Picnic)』, 제임스 티쏘(James Tissot) 1876년작, 1937년판.

다양한 요인들이 피크닉을 유행시키는 데 큰 기여를 하였다. 그리고 도시화가 진행되었던 런던은 대기 오염과 공해가 심하였기 때문에 사람들은 주말이면 런던과 비교적 떨어져 자연이 울창한 곳에서 휴식을 취하고 싶은 욕구도 강하였다.

이러한 시대적 배경으로 '피크닉 트레인(picnic train)'이라는 관광 열차도 등장하였다. 이 열차는 런던과 그 북서부의 공원인 햄스테드 히스(Hampstead Heath)의 구간을 잇는 철도이다. 평일에는 석탄을 운송하고, 주말에는 관광 열차로서 런던 시민들을 햄스테드 히스로 태워 보냈다. 또한 1880년대부터는 자전거가 유행하면서 사이클링을 즐기는 시민들이 자전거를 타고 햄스테드 히스 공원을 많이 찾았다. 그리고 19세기 말에는 경마나 폴로의 경기 등 야외 스포츠를 관람하면서도 피크닉을 즐겼다. 셰익스피어와 더불어 영국 최고의 작가로 알려진 찰스 디킨스(Charles Dickens, 1812~1870)도 그의 작품인 『크리스마스 캐럴(A

야외에서 토요일 오후를 즐기는 사람들. 어린이부터 어른까지 홍차를 즐기면서 춤을 추거나, 전망대에서 경치를 즐기거나, 휴식을 취하는 모습들을 볼 수 있다/〈일러스트레이티드 런던뉴스(The Illustrated London News)〉 1871년 7월 15일자호.

Christmas Carol)』, 『위대한 유산(Great Expectations)』에서 피크닉 장면을 수많이 묘사하고 있다.

새로운 홍차 판매 방법

　19세기 후반에는 티 업계에서도 많은 변화들이 있었다. 1869년에 설립된 홍차 전문업체인 브루크본드(Brooke Bond Ltd.)는 홍차의 외상 판매를 전면 금지하고 현금으로만 판매하기로 결정하였다. 이는 당시로서는 매우 획기적인 판매 방식이었다. 브루크본드는 아직은 일반적이지 않았던 티블렌드(혼합 홍차)를 판매하였고, 또 티를 정량으로 개별 포장하여 종이 박스에 넣어 판매하기 시작하였다.

　당시 홍차는 농작물이기 때문에 수확기에 따라서 매입 가격이나 품질에 차이가 나는 것은 당연한 일로 받아들여지고 있었다. 향미가 고르지 않던 홍차를 티 전문가가 블렌딩하여 수확기에 관계없이 항상 일정한 품질과 균일한 가격으로 판매할 수 있게 되었다. 이리하여 홍차는 레스토랑이나 호텔 등에 향미가 일정한 상품으로 공급할 수 있었던 것이다. 종이 상자에 포장된 티의 장점은 개별적으로 포장되었기 때문에 티의 향이 잘 날아가지 않고 관리도 쉬워 적은 수의 인원으로도 충분히 유통 및 판매할 수 있었다.

　그러나 브루크본드의 이러한 판매 방법은 여러 면에서 논란을 불러일으켰다. 당시에는 소비자들이 카운터에서 자신의 취향을 전하고, 이를 들은 점원이 고객에게 맞는 찻잎을 저울로 달아서 판매하였다. 경우에 따라서는 고객의 취향에 맞게 즉석에서 블렌딩해 판매하였고, 심지어는 고객들의 취향까지 장부에 기록해 두는 경우도 있었다.

　그러한 상황에서 브루크본드의 판매 방식은 매우 부실하다고 비판을 받은 것이다. 또한 소비자들은 과연 티가 종이 포장 박스 안에 정량으로 제대로 들어 있는지에 대해서 회의적인 시선으로 보기도 하였다. 이러한

홍차 업체 브루크본드에서 티 테이스팅에 나선 모습. 홍차를 항상 균일한 품질로 일정한 가격으로 시장에 제공하기 위하여 여러 찻잎들을 블렌딩하였다/브루크본드의 광고, 1955년 6월 4일.

홍차 업체 브루크본드의 로고. 정직의 상징적 이미지로 저울을 사용하였다.

공장에서 홍차를 종이 박스에 포장하는 모습/홍차 업체 아일랜드오브실론(The Island of Ceylon)의 트레이딩 카드, 1964년.

여왕을 위하여 티블렌드를 만든 리지웨이

영국의 홍차 전문업체인 리지웨이(Ridgways)는 1836년 런던의 킹윌리엄스트리트에서 첫 탄생하였다. 창업자인 토머스 리지웨이(Thomas Ridgway, ?~?)는 런던에 홍차 가게를 개업하기도 전에 이미 지방 도시에서 친구들과 홍차를 판매하고 있었다. 리지웨이는 당시 동인도회사의 독점으로 가격이 매우 비쌌던 홍차를 품질과 가격이 적당한 상태로 소비자들에게 판매하는 일을 회사의 최우선 사업 목표로 삼았다. 1850년대에는 쾌속 범선인 티클리퍼에도 주목하여 티를 가장 빨리 운송하는 선박에 상금을 걸기도 하였다.

리지웨이의 앤티크 홍차 캔(1920년대)

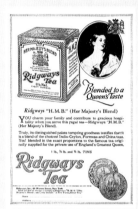

1886년에는 빅토리아 여왕의 탄신 70주년을 예비하는 영국의 왕실로부터 '축하를 위한 홍차'의 개념으로 티블렌드의 생산을 주문받았다. 토머스는 인도, 스리랑카, 중국에서 온 찻잎들을 블렌딩하여 빅토리아 여왕에게 바쳤다. 빅토리아 여왕은 이 티블렌드에 매우 흡족하여 리지웨이를 왕실 전속의 납품 업체로 지정하였다. 이 티블렌드는 오늘날에도 '여왕 폐하의 블렌드(Her Majesty's Blend)'라는 브랜드명으로 판매되고 있다.

'여왕 폐하의 블렌드'의 광고. 빅토리아 여왕의 초상화가 광고에 사용되었다/홍차 업체 리지웨이의 광고, 1922년.

문제가 발생하자 브루크본드는 시장에서 신뢰를 얻기 위하여 소비자들이 마음대로 무게를 달아 볼 수 있도록 저울을 비치하여 부정함이 없다는 사실을 직접 확인할 수 있도록 배려하였다. 이를 계기로 저울은 이제 브루크본드의 로고로까지 사용되기에 이르렀다. 브루크본드의 이러한 시도는 일부 홍차 애호가들에게는 평가 절하되었지만, 수많은 일반 대중들에게는 품질, 가격 면에서 높이 평가되어 '홍차의 새로운 판매 방식'으로 정착되었다.

스리랑카에서 찻잎을 수확하는 풍경. 영국의 홍차 업체 립톤은 '티(tea)' 하면, '중국(china)'를 떠올리는 영국인들의 인식을 종식시켰다/1920년대.

또한 1871년에 창업한 홍차 전문업체, 립톤(Lipton)도 홍차 업계에 새로운 바람을 불어넣었다. 립톤은 1890년부터 스리랑카에서 여러 다원들을 경영하였고, '다원에서 직접 티포트로'라는 슬로건을 내걸면서 중개업자들을 통하지 않고 홍차를 영국으로 산지 직송하여 판매하였다. 립톤은 콜롬보의 현지에 지사를 둔 뒤 저렴한 인건비로 홍차를 블렌딩하고 개별적으로 포장하여 영국으로 수출하면서 생산비를 큰 폭으로 줄였다.

립톤의 홍차는 상당히 싸게 판매되었기 때문에 홍차 업계로부터 이단시되어 '립톤의 홍차는 맛이 형편없기 때문에 싸다'라는 비방도 많이 받았다. 립톤은 자사 다원에서 생산된 홍차의 품질을 입증하기 위하여 1891년 8월 25일 런던의 경매에 홍차를 출품하였다. 담바텐네 다원(Dambatenne Tea Estate)에서 생산된 이 홍차는 무게 1파운드당 36파운드

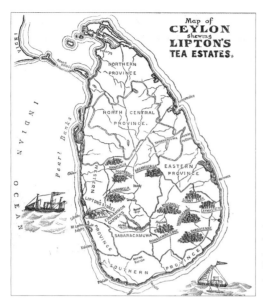

홍차 업체 립톤이 스리랑카에서 소유한 다원들의 위치를 표시한 광고. 처음 구입한 담바텐네 다원을 비롯하여 총 10개의 다원이 소개되어 있다/〈스케치(The Sketch)〉 1896년 2월 12일자호.

찻잎을 립톤의 로고가 새겨진 자루에 넣고 로프웨이로 운송하는 모습/1909년판.

15실링이라는 사상 최고가로 낙찰되었다. 담바텐네 다원이 립톤이 경영하는 다원이라는 사실을 뒤늦게 안 티 상인들은 크게 놀랐다. 그 뒤 립톤은 티 업계에서도 품질을 인정받는 업체로 자리를 잡았다.

립톤은 티의 판매뿐만 아니라 참신한 아이디어와 투자로 티 산지에서도 문제들을 해결해 나갔다. 립톤의 티팩토리(Tea Factory), 즉 가공 공장에서는 생잎의 채취 외 가공 과정의 대부분을 기계화하였다. 그 결과 값싸고 안정적인 품질의 홍차를 효율적으로 생산할 수 있었고, 위생적인 측면도 많이 향상되었다. 더욱이 찻잎을 수확하는 노동자들의 안전사고도 많이 줄일 수 있었다.

노동자들은 생잎을 따서 등에 맨 바구니에 넣고 무게가 약 10kg 정도에 이르면 일정한 장소까지 걸어서 운반하였다. 그러나 다원에는 가파른 경사면이나 걷기 어려운 장소들이 많아서 운반하는 도중에 안전사고가 빈번하게 발생하였다. 이러한 문제를 해결하기 위하여 립톤에서는 다원에서 공장까지 로프웨이를 설치하여 빠르고 안전하게 생잎을 운송시켰다. 그 뒤 로프웨이의 운송 방식은 수많은 다원들로 확산되었다.

또한 영국의 곳곳에 다수의 지점들을 두었던 립톤은 '지역의 수질에 따라 티의 향과 맛, 그리고 감칠맛에서 차이가 난다'는 사실을 일찍이 알아내고 각 지점이 있는 지역의 물에 맞게 티블렌딩을 하였다. 유럽 대륙과 미국에 첫 진출하였을 경우에도 각지에서 물을 들여와 블렌딩을 연구하였다고 한다. 립톤 본사 회의에는 각 지점장들이 각자 지역의 물을 통에 담아 와서 참석하였다고 전해진다.

물의 수질에 맞춘 블렌딩의 연구는 다른 티 업체들에도 전해지면서 홍차를 블렌딩할 경우에는 반드시 '수질'도 함께 고려하게 되었다. 어느 홍차 업체 문서에는 "요크셔 같은 경수(센물) 지역에는 잘 덖은 티가 맞고,

티 전문가들이 티를 테이스팅하는 풍경. 이들은 수많은 샘플들을 테이스팅한 뒤 블렌딩에 필요한 원료 티를 구입한다/〈티 커머스 오브 뉴욕(The Tea Commerce of New York)〉 1883년판.

스코틀랜드는 잉글랜드에 비하여 수질이 연수인 지역들이 많기 때문에 주로 연수용 티블렌드의 상품들이 슈퍼마켓에서 판매된다.

마자왓테 티컴퍼니의 인기 물품인 홍차 캔에 그려진 일러스트는 모두 실존 인물을 모델로 한 것이다. 할머니와 손녀를 그린 일러스트에서 할머니는 신발가게의 주인이고 손녀는 신발가게 옆집에 살던 소녀였다. 훈훈한 분위기를 풍기는 두 사람의 그림은 마자왓테 티에 '할머니의 티', '가족의 티'라는 이미지를 강하게 심어 주었다/마자왓테(Mazawattee) 홍차 캔, 1890년.

영국 '주간신문'의 여름 특집호에 실린 마자왓테 티컴퍼니의 광고에는 강가에서 티타임을 즐기는 연인이 그려져 있다/〈일러스트레이티드 런던뉴스 여름호(The Illustrated London News Summer Number)〉 1894년호.

마자왓테 티컴퍼니의 크리스마스 햄퍼 속에는 스리랑카 홍차와 어린이용 다기가 들어 있다/〈일러스트레이티드 런던뉴스 (The Illustrated London News)〉 1893년 12월 23일자호.

마자왓테 티컴퍼니의 스리랑카 홍차로 점을 보는 여성들/〈일러스트레이티드 런던뉴스 (The Illustrated London News)〉 1894년 1월 6일자호.

데번주의 플리머스 지역의 연수(단물)에는 꽃 향이 풍기는 어린 찻잎의 티가 알맞다"고 적혀 있다.

상류층의 입소문으로 전통이 지탱되어 온 홍차 업체들은 적극적인 선전 광고를 자제하였지만, 브루크본드나 립톤은 일반 대중들을 겨냥한 선전 광고를 연일 신문지상에 실어서 신규 고객층들을 확보해 나갔다. 이러한 홍보로 높은 평가를 받은 대표적인 업체가 1886년에 상표권을 등록한 마자왓테 티컴퍼니(Mazawattee Tea Company)이다.

마자왓테 티컴퍼니의 회사명에서 '마자(Maza)'는 인도의 힌두어로서 '감미로움'을 뜻하고, '왓테(wattee)'는 스리랑카의 신할라어로 '정원'을 의미한다. 인도, 스리랑카의 홍차를 취급하는 신생 업체로서 출범한 마자왓테 티컴퍼니는 당시에 유행하였던 피크닉 티, 홍차 점, 크리스마스 선물 등의 관습을 선전 광고에 잘 활용하였다. 또한 런던의 주요 기차역 정거장에도 포스터 광고를 내면서 수많은 사람들에게 회사의 이미지를 각인시켰다.

한편, 1893년 7월 빅토리아 여왕은 조지 프레드릭 어니스트 앨버트 (George Frederick Ernest Albert, 1865~1936)(훗날 조지 5세 국왕)가 메리 오브 테크(Mary of Teck, 1867~1953)와 결혼할 당시에 예물로서 마자왓테 티컴퍼니의 홍차를 선물하였다. 그해 크리스마스에 마자왓테 티컴퍼니는 행복한 가족상을 그린 광고 포스터를 신문에 실어서 큰 매출을 올렸다. 또한 달력, 일기장, 지도, 사전 등 소비자들이 좋아할 만한 판촉물들도 잇달아 제작하여 사람들로부터 큰 주목을 받았다. 이러한 신생 업체의 활약으로 홍차는 노동자 계층에까지 더욱더 깊숙이 침투해 나갔다.

노동자 계층에 퍼진, '하이 티'

19세기 후반 스코틀랜드와 북잉글랜드의 노동자 계층 일부와 농촌 계층으로 퍼진 관습으로는 '하이 티(hight tea)'가 있다. 노동자들은 일터에서 집으로 돌아오자마자 허기를 달래기 위해 식당 겸용 부엌에서 '가벼운 저녁 식사'로 홍차와 빵을 먹었다. 등받이가 높은 의자인 하이백 체어

노동자 계층에서 즐기는 하이 티. 테이블 위에 큰 빵과 버터, 큼직한 다기가 놓여 있다/
로버트 몰리(Robert Morley), 〈일러스트레이티드 런던뉴스(The Illustrated London News)〉 1896년 11월 28일자호.

결혼축하연의 모습. 남성은 맥주, 여성은 홍차를 각각 즐기고 있다/E. 그루츠너(Grutzner), 〈픽토리얼 월드(The Pictorial World)〉 1874년 9월 26일자호.

『비턴 부인의 살림 비결』에 소개된 하이 티 10인분의 테이블 세팅 장면/『비턴 부인의 살림 비결(Beeton's Book of Household Management)』(1861년), 1893년판.

(high-back chair)에 앉아 먹었기 때문에 이 관습을 '하이 티(high tea)'라고 불렀다고 알려져 있지만, 그 밖에도 이름의 유래와 관련하여 여러 설들이 있다. 상류층의 티타임에 사용되는 낮은 테이블에 비해 식당 테이블이 높았기 때문이라는 설과 하이 티에 곁들여 먹는 티 푸드가 고칼로리였기 때문이라는 설 등이다. 그러나 어느 설이 정확히 옳은 것인지는 알 수가 없다.

덧붙여 말하면, 하이 티는 중산층 가정에서도 주일의 저녁 식사로 받아들여졌다. 『비턴 부인의 살림 비결』에서도 "하이 티에서는 육류가 중요한 역할을 차지하고, 이 티타임은 티 디너로 봐야 한다"고 기술되어 있다. 또한 하이 티의 대표적인 메뉴로는 연어, 냉채, 닭고기, 송아지고기, 과일, 케이크 등 당시 중산층에서 즐겨 먹었던 요리들이 소개되어 있다. 그러나 이는 어디까지나 중산층의 입장이며, 가난한 노동자 계층에서는 따뜻한 커피와 빵만으로도 너끈한 저녁 식사였을 것이다.

한편 1888년에 개최된 영국 글래스고 국제박람회에서는 회장 내의 레스토랑에서 '하이 티' 메뉴가 등장하였고, 티와 치즈토스트도 함께 제공되었다.

스리랑카에 남아 있는 영국의 홍차 문화

1948년에 영국으로부터 독립한 스리랑카에는 지금도 영국의 통치 시절 때와 마찬가지로 수많은 다원들이 있다. 다원의 풍경과 홍차의 가공 과정을 견학하기 위하여 매년 수많은 티 애호가들이 스리랑카를 방문한다. 관광객들에게는 스리랑카에 남아 있는 '영국식 티 문화'를 접해 보는 것도 하나의 큰 즐거움이다. 제임스 테일러의 거주지와 그의 무덤, 그리고 당시의 티 가공 설비들을 전시한 '실론티박물관'도 흥미로운 눈요깃거리이다.

스리랑카 룰레콘데라에 있는 제임스 테일러의 옛 집터.

토머스 립톤(Thomas Lipton, 1848~1931)이 처음 소유하였던 담바텐네 다원 근처에는 립톤 경이 좋아하였던 절경을 감상할 수 있는 '립톤의 좌석(Lipton Seat)'도 남아 있다. 다원의 소유주들이 즐겨 모였던 클럽하우스인 '힐 클럽(Hill Club)'은 애프터눈 티를 즐길 수 있는 훌륭한 명소이다. 스리랑카의 풍요로운 대자연의 풍광과 그 속에 오늘날까지 뿌리를 내린 영국 홍차의 문화 유적들은 수많은 홍차 애호가들에게 '성지 순례길'로 남아 있다.

실론티박물관. 최상층의 티룸에서는 홍차를 즐길 수 있다.

'립톤의 좌석'에서 바라보는 절경. 토머스 립톤도 이 풍경을 정말 보았을까?

피크닉을 즐기기 위한 전통적인 관습

영국에서는 피크닉을 즐길 때 중요하게 생각하는 전통적인 관습들이 있다. 예를 들면 다음과 같다.

- 피크닉은 사교 활동으로 생각할 것
- 날씨를 최대한 즐길 것
- 요리는 간편하면서도 맛이 있을 것
- 취사는 하지 않고, 다만 티를 우리는 물은 예외로 할 것
- 피크닉은 생활양식의 표출이며, 따라서 준비 도구에 각별히 신경을 쓸 것
- 야외 돗자리 위에 앉는 것이 아니라 그 주위로 둘러앉을 것
- 피크닉 중에 일어나는 해프닝들을 행복하게 즐길 것

영국에서는 피크닉이 편안하고 자유로운 모임이었다. 음식은 각자 준비해 오는 것이 원칙이며, 그 음식들은 '피크닉 햄퍼(picnic hamper)'라는 식품 바구니에 넣어서 이동하

식품 바구니인 햄퍼에는 컵, 접시, 찻잔 등이 들어 있다/포트넘 앤 메이슨의 1992년 크리스마스 브로슈어.

는 것이 기본이다. 피크닉 음식으로서 인기가 높았던 식품은 빵, 햄, 치킨, 돼지고기나 꿩고기를 넣은 파이, 치즈, 샐러드, 과일, 과일케이크 등이었다. 야외에서 식사를 하면 실내에서보다 타인의 시선에도 더 신경을 써야 하기 때문에 고급 도자기 식기들을 사용하였다. 햄퍼에는 그러한 도자기 식기들이 서로 부딪쳐 깨지지 않도록 고정하는 홀딩이 있었다. 그리고 취사는 하지 않으면서도 티를 우릴 물만은 예외로 한다는 전통은 과연 홍차의 나라다운 관습이 아닐 수 없다. 이와 같이 피크닉은 자연 속에서 사람들과 편안히 사교 활동을 즐기는 것이다. 여러분들도 맛있는 티를 준비하여 피크닉을 떠나보길 권한다.

딸기를 딴 뒤 티타임을 즐기는 모습. 홍차를 우려내기 위하여 물을 끓이고 있다.

홍차 업체의 홍보에도 활용된 '홍차 점'

빅토리아 시대 후반, 찻잔 바닥에 남은 찻잎 찌꺼기로 운세를 점
치는 '홍차 점'이 특히 여성들 사이에서 많이 유행하였다. 그리고
홍차 점으로 운세를 전문적으로 보는 점쟁이들도 큰 인기를 끌
었다. 홍차 업체는 이 점치기가 홍차의 매상을 올리는 데 큰 도움
이 될 것으로 보면서 그 보급에 힘을 쏟았다. 회사 홍보를 위하여
홍차로 운세를 보는 장면을 다루거나 홍차 점에 관한 매뉴얼 책자
를 발행하는 업체도 있었고, 홍차 경품으로 홍차 점 카드를 배포하
는 회사도 있었다. 당시의 자료를 통하여 홍차로 운세를 보는 방법
은 다음과 같다.

립톤에서도 홍차 점의 매뉴얼 책자
를 발행하였다/립톤(Lipton)의 노벨
티, 1934년.

● 홍차 점 방법

① 찻잔에 홍차를 부은 뒤(찻잎 찌끼가 찻잔에 들어가도 좋다) 점치고 싶은 일을 떠올리면
   서 마신다.
② 찻잔 바닥에 한 모금 정도의 홍차를 남긴다.
③ 찻잔을 왼쪽으로 세 번 돌린 뒤 받침 접시 위로 엎어
   놓고 찻잔 바닥을 가볍게 두드리면서 찻잔 내의
   물기를 떨어뜨린다.
④ 받침 접시 위의 찻잔을 바로 세워 놓고 찻잔
   바닥에 남은 찻잎 찌끼의 위치와 모양을
   살핀다.

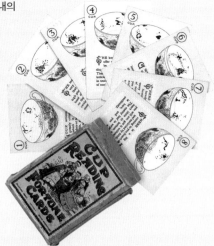

● 최종 점괘 해석

찻잎의 찌끼가 찻잔의 오른쪽, 가장자리에
가까운 부위에 위치하면 '미래'를, 찻잔의
왼쪽, 바닥에 가까운 부위에 위치하면 '과
거'를 나타낸다.

찻잔의 바닥과 내벽에는 마치 별자리 지도처
럼 다양한 모양의 물건들이 새겨져 있다. 이러

당시 큰 인기를 끌었던 홍차 점을 주제로 한 카드 게임/
브리티시 매뉴팩처(British Manufacture), 1930년.

한 물건 모양의 해석은 영국인들의 신앙과 미신, 그리고 생활 속에서 축적되어 온 물건에 대한 상징적인 이미지와 관련이 깊다.

개 : 신뢰, 친구/여우 : 배신/천사 : 희소식/왕관 : 성공/하트 : 사랑/반지 : 결혼/
총 : 공격/쥐 : 도둑

이러한 점괘 해석은 살고 있는 지역이나 연령에 따라서 약간씩 차이가 있었다. 따라서 홍차로 운세를 볼 때는 매뉴얼 책자에 있는 모양의 해석에만 의존하는 것이 아니라, 연장자의 풍부한 인생 경험도 함께 고려되었다.

할머니와 딸, 그리고 손녀의 3세대가 홍차 점을 즐기는 모습/
찰스 심슨(Charles Simpson)의 광고, 1892년.

홍차 점으로 운세의 결과를 기다리는 젊은 여인의 심각한 표정에서 홍차 점이 당시 얼마나 인기가 있었는지를 엿볼 수 있다/〈하프스 바자(Harper's Bazar)〉 1890년 10월 25일자호.

노동자 출신이 일궈 낸 세계적인 홍차 업체, 립톤

홍차 업체인 립톤은 노동자 계층 출신의 토머스 립톤(Thomas Lipton, 1848~1931)이 1871년 글래스고에서 연 식료품점에서 출발하였다. 식료품점을 운영하는 아일랜드 난민의 자식으로 태어난 토머스는 15세 때 홀로 미국으로 건너가 상업의 기초를 배우고 귀국하였다. 미국에서 익힌 적극적인 사업 수완을 아버지의 식료품점에 적용하려고 시도하였지만 당시 보수적이었던 아버지는 아들의 제의를 받아들이지 않았고, 결국 토머스는 1871년에 독립해 나갔다.

토머스가 입버릇처럼 말한 것은 '선전할 기회는 결코 놓치지 말자, 다만 제품의 우수한 품질이 그 전제 조건이다'는 내용이었다. '장사의 밑천은 몸과 광고'라는 것을 기치로 내세우면서 토머스는 가게의 모든 일들을 혼자 꾸리면서 아침 일찍부터 밤늦게까지 일하였다. 가게가 점차 번창하면서 지점도 약 300곳으로 확대되었다. 1889년부터는 홍차도 판매하였다. 처음에는 홍차를 런던의 중개인으로부터 구입하였지만, '농산물은 생산자로부터 직접 구입해야 한다'는 어머니의 엄격한 훈계에 따라 이듬해 은행의 권유를 받아 스리랑카로 건너가 다원들을 시찰하였다. 이때 토머스는 몇몇 다원들을 매입하여 그 소유주가 되었다.

'다원에서 티포트로(FROM THE TEA GARDENS TO THE TEA POT)'라는 슬로건을 내세우고 있다/립톤(Lipton)의 광고, 〈일러스트레이티드 런던뉴스(The Illustrated London News)〉 1894년 2월 17일호.

1892년 광고에 낸 '다원에서 티포트로'라는 캐치프레이즈는 그가 세운 홍차 업체인 립톤의 슬로건이 되었다. 영국에서는 찻잎의 생산지가 중국이라는 인식이 강하였는데, 토머스는 상품 패키지에 스리랑카 사람들의 모습을 그림으로 새겨 홍차의 새로운 시대를 소비자들에게 알렸다. 이와 함께 '세계의 티포트를 립톤이 채운다'는 문구의 제목으로 지구의를 배경으로 제작된 광고는 당시의 영국 사람들을 크게 놀라게 하였다. 안타깝게도 토머스가 세상을 떠난 뒤 그의 업체는 미국의 티업체인 유니레버에 인수되었다. 그러나 그의 꿈은 오늘날까지도 여전히 실현을 위해 진행 중이다.

광고 모델이 된, 토머스 립톤

홍차 전문 업체인 립톤의 창시자인 토머스는 혼자 힘으로 설립하여 확장시켰기 때문에 토머스의 이미지가 곧 업체의 이미지였다. 따라서 토머스는 자진하여 광고 모델로 활약하였다. 그리고 빅토리아 여왕으로부터 작위를 수여받아 '경(Sir.)'의 칭호를 얻었을 때 토머스는 이를 광고에 활용하도록 허락하여 매출을 크게 신장시켰다.

토머스 립톤의 취미는 요트타기였다. 토머스는 요트에서 티타임을 한껏 즐겼다고 한다/립톤(Lipton)의 광고, 1938년.

립톤이 처음 경영한 담바텐네 다원

1890년 홍차 전문 업체 립톤이 처음으로 소유한 스리랑카 우바 지역의 담바텐네 다원의 전경. 이 다원의 홍차 가공 과정을 시리즈로 담은 엽서는 립톤 홍차를 구입하는 사람들에게 서비스로 제공되었다고 한다.

왕성한 자선 활동을 펼친 토머스 립톤 경

토머스는 자선활동가로서도 유명하였다. 교회나 양로원에 자선 행사에 나설 때는 홍차를 무상으로 제공하였다. 그의 유산도 모두 고향인 글래스고시에 기부되어 그곳 아이들의 학교와 병원 등의 시설에 운영 자금으로 사용되었다.

가난한 노인 1200명을 초청한 자선 행사의 광경. 커다란 캔에 든 홍차를 분주히 나르고 있는 모습/〈일러스트레이티드 런던 뉴스(The Illustrated London News)〉 1888년 2월 4일자호.

미국에서 큰 영예를 얻은 토머스 립톤

1893년 미국 시카고에서 열린 만국박람회에서 홍차를 대대적으로 광고한 립톤은 보스턴에 지사를 두고 있었다. 자수성가로 부와 명예를 성취한 토머스는 미국에서 열풍적인 인기를 얻으면서 1924년에는 미국의 시가 주간지인 〈타임(Time)〉의 표지를 장식하였다.

〈타임(Time)〉의 표지를 장식하는 일은 예나 지금이나 지극히 영예로운 일이다/〈타임〉 1924년 11월 3일자호.

'토머스립톤경(Sir. Thomas Lipton)'이라는 신종 장미는 1904년에 등장하였다/코너드 앤 존스컴퍼니(The Conard & Jones Company)의 광고, 1904년.

시카고 만국박람회, 파리 만국박람회, 세인트루이스 만국박람회, 샌프란시스코 만국박람회에서 립톤은 홍차 부문 금상을 수상하였다/립톤(Lipton) 광고, 〈콜리어스(Collier's)〉의 '내셔널위클리(The National Weekly)' 1938년호.

'토머스립톤경'이라는 이름의 장미

사람들은 토머스의 크나큰 업적을 기리기 위하여 새롭게 개발된 백장미에 그의 이름을 붙였다. 백장미는 토머스가 평생 사랑하였던 요트의 돛을 상징한다고 전해진다.

티룸의 발전과 세계대전

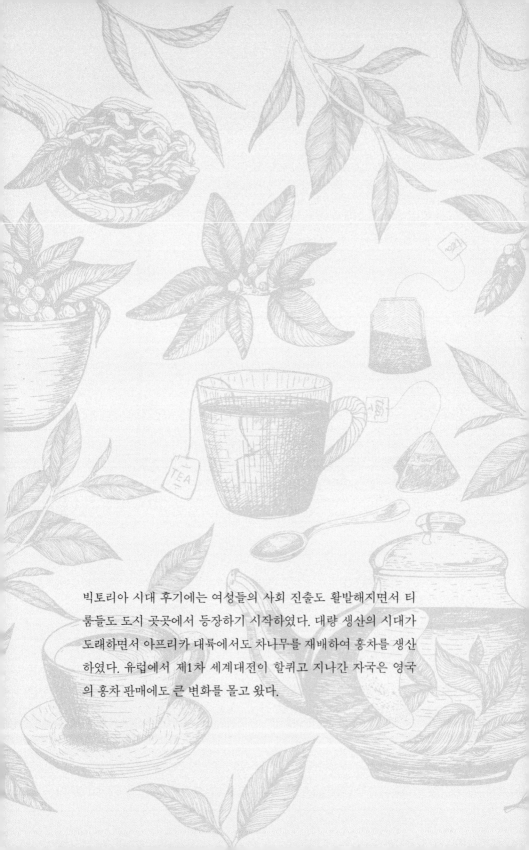

빅토리아 시대 후기에는 여성들의 사회 진출도 활발해지면서 티룸들도 도시 곳곳에서 등장하기 시작하였다. 대량 생산의 시대가 도래하면서 아프리카 대륙에서도 차나무를 재배하여 홍차를 생산하였다. 유럽에서 제1차 세계대전이 할퀴고 지나간 자국은 영국의 홍차 판매에도 큰 변화를 몰고 왔다.

티룸의 탄생

런던에서 티룸의 문을 처음으로 연 것은 '에어레이티드 브레드 컴퍼니(Aerated Bread Company)'라는 빵가게였다. 이때 에어레이티드 브레드(Aerated Bread)는 효모를 사용하지 않고 탄산가스로 부풀린 빵, 즉 무효모빵이라는 뜻이다. 이 빵가게는 가게명의 머리글자를 따서 'ABC'라는 애칭으로 큰 사랑을 받았으며, 개점 당시부터 여러 지점들을 열었다.

그런데 당시 런던 펜처치스트리트(Fenchurch Street) 지점에서 근무하던 중년의 여성 지배인이 안쪽의 종업원 공간에서 자신이 직접 먹으려고 끓였던 티를 단골손님과 함께 나누어 먹었다. 그때 단골손님이 한 잔의 티에 너무도 기뻐하는 모습을 보면서 그 여성 지배인은 점포 내에서 홍차를 판매하는 내용의 사업 계획을 회사에 제안하였다.

그러자 이사회가 소집되었고, 이때 홍차의 판매 서비스가 과연 사업적으로 수익성이 있을지에 관하여 실험을 진행해 보기로 의견들이 모아졌다. 그 실험을 위해 1864년 펜처치스트리트 지점 점포 내의 한쪽에는 빵과 홍차를 먹을 수 있는 공간이 마련되었다. 이러한 시도가 뜻밖에도 수많은 고객들로부터 큰 호응을 얻자, ABC는 1884년 옥스퍼드서커스

A. B. C. CONCESSIONS* (Limited). [AËRATED BREAD COMPANY'S CONCESSIONS.] (Incorporated under the Companies' Acts, 1862-1890, whereby the liability of shareholders is limited to the amount of their shares.)—Capital £150,000, in 150,000 shares of £1 each. First issue of 100,000 shares, at par, payable as follows: 5s. per share on application, 10s. per share on allotment, and 5s. per share one month after allotment. Fifty thousand shares will be reserved for future issue whenever Capital be needed for the purposes of the Company's business, a moiety of which the Shareholders of the Aërated Bread Company will have the option of subscribing for, at par.

신문에 실린 ABC 주식의 화제. 기사에서는 지점이 크게 늘고 있다는 사실을 다루고 있다(《스케치(The Sketch)》 1893년 8월 22일자호.

(Oxford Circus)에 현대풍의 티룸을 개장하였다. 여성들이 혼자서 자유로이 돌아다니기가 쉽지 않았던 빅토리아 시대의 후반에 이 티룸은 남성의 에스코트 없이도 드나들 수 있는 몇 안 되는 장소로서 큰 인기를 모았다.

ABC에서는 홍차의 가격이 1잔에 2펜스, 1티포트에 3펜스였다. 1티포트에는 적어도 홍차 2인분이 너끈하게 들어 있었다. 또 역에 인접한 ABC 주위로는 다른 상점들도 많이 들어서 있었기 때문에 약속 장소로도 훌륭하였다. 바야흐로 1923년에는 런던 시내에 티룸만 150곳을 둘 정도로 ABC 지점 사업이 확대되었다.

1875년에는 글래스고에도 티룸이 개장되었다. 이곳에 티룸을 처음으로 연 스튜어트 크랜스턴(Stuart Cranston, 1848~1921)은 친척이 절대 금주 운동에 참여하였던 관계로 시대 사정에 밝아서 술집이 아닌 무알콜음료인 홍차나 빵, 그리고 케이크를 먹을 수 있는 가게가 앞으로 성행할 것이라 내다보았다. 1878년에는 여동생인 케이트 크랜스턴(Kate Cranston, 1849~1934)도 자신의 티룸을 개장하였다. 그 뒤 티룸의 수는 점차 늘어났는데, 그중에서도 1903년에 개장한 '윌로 티룸스(Willow Tearooms)'는 신진 건축가였던 찰스 레니 매킨토시(Charles Rennie Mackintosh, 1868~1928)가 내부 인테리어를 비롯하여, 가구와 웨이트리스의 유니폼 디자인까지 도맡아 큰 화제를 불러일으켰다. 케이트의 티룸은 '새로운 예술(아르누보)'의 장이 되었고, 훗날에 유행하게 될 '디자이너스 티룸(designers tea room)'의 시초가 되었다.

또한 1894년 ABC의 최대 라이벌 업체이자, 거대 레스토랑 체인 업체인 J. 라이온스&컴퍼니(J. Lyons & Co.)가 런던의 피카딜리서커스(Piccadilly Circus)에서 티룸을 개장하여 화제를 모았다. J. 라이온스&컴퍼니의 창업 일가는 잎담배 사업으로 큰 재산을 축적하였다. 그 뒤 담배의 광고 및 판매를 위하여 영국 전역으로 돌아다녔는데, 간식과 무알코올 음료를 간단히 먹으면서 휴식을 취할 수 있는 장소가 없다는 데 큰 불편을 느끼고 있었다. 1851년부터 정기적으로 개최한 만국박람회장에 잎담배 부스를 설치하였을 때도 건물 내의 간이 레스토랑과 외부의 술집

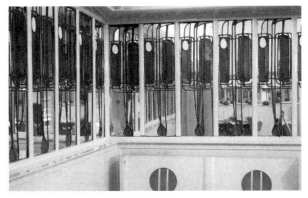

윌로 티룸스는 세련된 실내 인테리어로 오늘날에도 영국 글래스고시의 관광 명소로 자리를 잡고 있다/1910년판.

1926년 J. 라이온스&컴퍼니 티룸의 내부 모습 사진. 여성들이 동경하였던 니피들의 모습도 찍혀 있다/1926년판.

J. 라이온스&컴퍼니는 오리지널 티블렌드도 판매하였다. 사진은 1930년대의 간판과 티 캔을 복원한 제품이다.

외에는 딱히 쉴 만한 장소가 없어서 큰 불편을 느끼면서 티룸 사업에 진출을 결정한 것이다.

J. 라이온스&컴퍼니는 빅토리아 여왕의 즉위 50주년 기념으로 개최된 만국박람회에서 간이 레스토랑의 운영권을 획득하여 티룸을 처음으로 개장하였다. J. 라이온스&컴퍼니는 담배 사업에서 축적된 경영 노하우를 충분히 살려서 티룸의 사업을 점차 확장해 나갔다. J. 라이온스&컴퍼니가 겨냥한 고객층은 사회에 갓 진출한 여성들이었다. 이러한 배경이 있기 때문에 J. 라이온스&컴퍼니는 점포 내의 청결을 철저하게 유지하였고, 내부 인테리어를 여성들이 선호하는 호화스러운 분위기(대리석 상판의 테이블, 빨간 벨벳 천으로 덮은 의자, 문양에 라인이 들어간 모던한 벽지 등)로 통일하였다. 또한 홍차의 가격도 다른 티룸과의 가격 경쟁력을 높이기 위하여 1티포트에 2펜스로 저렴하게 설정하였다.

또한 홀에서 일하는 웨이트리스의 존재도 인기를 끈 요인의 하나였다. 웨이트리스는 '활발', '활동'을 뜻하는 당시 여성의 사회 진출을 나타내는 유행어인 '니피(Nippy)'라는 애칭으로 불렸다. 니피들은 빅토리아 시대의 대저택에서 일하는 여성 하인들의 이미지를 탈피나 한 듯이, 옷깃이나 소맷부리에 주름장식이 없는 세련된 유니폼을 착용하고 민첩하게 움직였다. J. 라이온스&컴퍼니의 티룸에서 일하는 것은 젊은 여성들이 동경하는 대상이었다. 대중 광고로 매출이 크게 늘고 있던 마자왓테 티컴퍼니도 1906년에 다른 업체의 성공 사례에 힘입어 티룸을 개설하였는데, 제2차 세계대전까지 지점의 수만 160개나 달하였다.

1919년에는 스위스 출신의 제과 기술자가 요크셔에 '베티스 티룸스(Betty's Tea rooms)'를 개장하였다. 이 티룸스는 철저한 품질 관리를 위하여 요크셔 이외에는 절대로 지점을 내지 않겠다는 운영 방침이 알려지면서 지역 주민뿐만 아니라 다른 지역의 사람들도 찾아오는 등 큰 인기를 누렸다. 이와 같은 티룸의 확산은 여성들의 외출 문화를 촉진하였다.

1924년의 해러즈(harrods) 백화점. 오늘날에도 그 모습은 변함이 없다/J. L. 채프먼(Chapman) 1924년작, 1932년판.

베티스 티룸스(Betty's Tea rooms)의 점포를 모델로 한
오리지널 티 캔/2013년.

조지언 레스토랑(The Georgian Restaurant)의 실내 모습.
여성들이 테이블에서 홍차를 즐기고 있다/1960년대.

SCENE.—Tea-Shop at Seaside.

Proprietor (to Lady tourist, who has ordered a bun, and seated herself at a vacant table). "EXCUSE ME, MISS; BUNS DON'T SIT!"

여성들의 새로운 사교 장소인 티룸에서는 활기가 넘쳤다/〈펀치 또는 런던 샤리바리
(Punch, or The London Charivari)〉 1908년 9월 16일자호.

　런던의 백화점들은 1880년대에 쇼핑객들이 점심시간에 외부의 티룸
으로 나가 버리는 일을 막기 위하여 백화점 내에 티룸을 개장하였다. 유
명 백화점이었던 '해러즈(harrods)'도 1911년에 '조지언 레스토랑(The
Georgian Restaurant)'를 개설하고 점포 내에서도 애프터눈 티의 서비스를
제공하였다.

　J. 라이온스&컴퍼니는 그 뒤 티룸뿐만 아니라 레스토랑의 경영에도 나
섰다. 제1차 세계대전 중에는 자사 레스토랑인 '트로카데로(Trocadero)'
에서 '콘서트 티(Concert tea)'라는 행사를 개최하여 수많은 시민들에게
힐링의 장을 제공하였다. 또한 출장 티룸 등의 행사 분야에서도 사업을
계속 확장해 나갔다.

홍차를 즐길 수 있는 장소의 확산

빅토리아 시대에는 왕실의 사교 활동과 자선 행사의 일환으로 티 가든에서 파티가 유행하였다. 특히 에드워드 7세(Edward Ⅶ, 1841~1910)의 왕비인 알렉산드라 애 단마르크(Alexandra Carolina Marie Charlotte Louise Julia prinsesse af Danmark, 1844~1925)는 왕세자비 시절부터 자선 활동에 열성적이었다. 1897년 시어머니인 빅토리아 여왕의 즉위 60주년 기념식 때 알렉산드라 왕세자비는 가난한 사람들을 대상으로 '로열 디너(Royal Dinner)'라는 행사를 계획하였다. 이때 행사 경비의 대부분은 홍차 업체 립톤이 기부하였다.

알렉산드라 왕세자비는 에드워드 7세가 국왕으로 즉위한 1901년에도 '퀸즈 티(Queen's Tea)'라는 행사명으로 티 가든 파티를 수차례나 열었다. 이러한 티 파티에 참석한 사람들은 약 1만 명의 여성 하인들이었다. 이 퀸즈 티 파티는 영국 내에서 하인으로 생활하는 여성들의 지위를 크게 향상시켰다.

국왕에 오른 에드워드 7세는 1902년 티 보급에 그동안 힘써 왔고, 자선 활동에도 열성적이었던 홍차 업체 립톤을 왕실 납품 업체로 지정하였다. 그리고 창업주인 토머스 립톤에게는 준남작의 작위를 수여하였다. 립톤에 이어 J. 라이온스&컴퍼니도 에드워드 7세에 의해 왕실 납품 업체로 지정되었고 버킹엄궁에서 열리는 티 가든 파티에 관한 용역도 받았다. J. 라이온스&컴퍼니는 대규모의 출장 티 파티를 잘 치른 것으로도 유명하였다. 사사(社史)에 따르면, 1921년 데일리메일(Daily Mail)의 티타임에서는 7000명, 1925년 프리메이슨(Freemason)의 티타임에서는 8000명의 손님들에게 홍차와 식사를 제공하였다고 한다.

왕세자 시대의 에드워드 7세와 왕세자비 알렉산드라가 주최한 자선 행사의 광경/〈일러스트레이티드 런던뉴스(The Illustrated London News)〉 1885년 1월 17일자호.

퍼시픽철도 일등 객실의 식당차에서 제공되는 티 서비스. 열차 내부의 인테리어도 훌륭하다/〈하프스 위클리(Harper's Weekly)〉 1869년 3월 29일자호.

1935년에 촬영된 기차역에서의 티타임. 정거장에서는 티 왜건으로 홍차를 판매하였다.

선상에서 즐기는 애프터눈 티. 파도로 출렁이는 갑판 위에서도 은제 티포트로 홍차를 우아하게 마시고 있다〈블랙 앤 화이트(Black & White)〉1905년 8월 12일자호.

티를 즐기는 장소는 이제 공공 교통수단 내에도 생겼다. 1860년대부터는 런던을 오가는 수많은 장거리 열차의 일등 객실 내에 마련된 식당 차량에서도 홍차를 제공하였다. 고객들의 요청에 따라 호화로운 애프터눈 티도 제공되었다고 한다.

1866년에는 패링던역(Farringdon station) 정거장에서 '티 왜건(tea wagon)'을 이용한 티의 판매도 시작되었다. 각 철도에서는 일반인들을 위해 홍차를 바구니에 담아서 판매하기도 하였다. 바구니 안에는 홍차, 뜨거운 물, 우유, 설탕, 버터, 빵, 과일 케이크 조각, 과일 등이 세트로 들어 있었다. 손님들이 객차에서 이 음식들을 다 먹고 나서 객석 밑이나 옆에 두면, 나중에 역무원들이 일일이 회수하는 것이었다. 전체 철도 중에서 가장 먼저 홍차의 판매 서비스를 진행한 것은 1903년의 그레이트 웨스턴 철도(Great Western Trail)에서였다. 그 뒤 선박에서도 홍차가 제공되었는데, 손님들은 객실과 식당은 물론이고 시원한 바닷바람이 부는 갑판에서도 매우 특별한 티타임을 즐길 수 있었다.

미국에서 발전된 티백 문화

티백의 원형은 1896년에 영국인 A. V. 스미스(Smith, ?~?)가 고안한 것으로 알려져 있다. 당시까지는 홍차를 마실 때마다 찻잎을 티스푼으로 계량하였다. 그러던 것을 미리 1잔 분량으로 찻잎을 소분하였기 때문에 티를 준비하는 과정이 한결 더 편리해진 것이다. 더욱이 다 우리고 남은 찻잎 찌꺼기도 훨씬 더 처리하기가 쉬워졌다.

스미스가 처음 고안하였던 초기 형태의 티백은 1잔 분량의 찻잎을 소분하여 거즈에 놓은 뒤 네 모서리를 모아서 실로 묶은 것으로서 그 모양이 공이나 달걀과 같다고 하여 '티 볼(tea ball)', '티 에그(tea egg)'라 불렀다. 그러나 이러한 아이디어는 홍차가 이제 막 노동자 계층에까지 보급된 영국에서는 좋은 평가를 받지 못하여 상품화에 이르지는 못하였다. 다만 영국의 은제품에는 타원형의 숟가락 바닥에 작은 구멍들이 뚫려 있어 홍차 찻물이 빠지고 동시에 찻잎을 걸러낼 수 있는 도구를 사용하던 시기였기 때문에 일부 티 애호가들 사이에는 티 볼이 잠시 주목을 받기도 하였다.

티백의 상품화는 1904년경 미국에서 본격적으로 시작되었다. 당시 미국은 보스턴 티 파티 사건을 계기로 시대적 분위기가 홍차를 멀리하는 추세였다. 그러나 영국과의 무역이 회복되면서 다시 홍차를 즐기는 사람들이 나타났다. 그런데 공교롭게도 커피 문화도 함께 침투하면서 홍차의 소비량은 커피에 미치지는 못하였다.

뉴욕의 티 상인 토머스 설리번(Thomas Sullivan, ?~?)은 홍차 샘플을 작은 캔 속에 넣어 고객들에게 보냈다. 이는 당시 대부분의 업체에서 활용하던 방식이었다. 그러나 샘플의 종류가 많으면 비싼 캔의 수와 무게도

찾잎을 거즈로 동그랗게 둘러싼 '티 볼'의 광고 포스터/타오 티(Tao Tea) 업체의 광고, 〈레이디스, 홈저널(The Ladys, Home Journal)〉 1926년 2월호.

구멍이 뚫린 스푼에 홍차를 넣고 뚜껑을 닫은 뒤 사용한다/영국제, 1892년.

홍차의 샘플을 담는 캔/트와이닝스(Twinings) 1910년.

함께 늘어났기 때문에 운송비의 부담도 커졌다. 설리번은 운송비를 절감하기 위하여 샘플용 홍차를 비단주머니에 넣어 고객들에게 보내기로 결심하였다.

그러나 고객들은 비단주머니에서 일정량의 홍차를 꺼내어 전용 테이스팅 용기에 넣고 뜨거운 물로 찻잎의 성분을 추출한 뒤 맛과 향을 보는 홍차의 감정 방법에 대해서는 잘 몰랐다. 비단주머니 위로 곧바로 뜨거운 물을 부은 뒤 '홍차가 잘 우러나지 않다'며 불만을 제기하는 고객들도 있었다. 이러한 고객들은 대부분이 레스토랑이나 호텔이었고, 그곳에서는 티 전문가도 상주하지 않았기 때문에 홍차를 우려내는 지식도 많이 부족한 상황이었다.

추출과 관련하여 고객들의 불만에 대응하기 위해 설리번은 홍차가 잘 우러나오도록 주머니를 거즈로 바꾸었는데, 그 결과 '추출이 잘된다'는 좋은 평가를 받았다. 이때부터 '홍차 거즈만 따로 판매해 달라'는 예상치 못한 주문까지 쇄도하였다고 한다. 설리번은 레스토랑이나 호텔과 같이 효율성을 중요시하는 장소에서는 이러한 거즈에 든 홍차가 다루기가 쉽기 때문에 큰 환영을 받을 것으로 내다보고 상품화에 곧 착수하였다.

1920년대에 설리번의 티백은 상업적으로 생산돼 많은 호텔과 레스토랑에 납품되었다. 한 잔 분량의 찻잎이 든 1인용, 두 잔 분량의 찻잎이 든

립톤의 티백 상품. 티 캔 안에 10개의 티백이 들어 있다/
립톤(Lipton) 1920년대.

포트용의 두 종류가 유통되었다. 당시 업무용 수요가 전체의 80%를 차지하였지만, 티백은 그 편리성과 기능성이 가정에서도 인정되어 빠른 속도로 미국 내에 침투하였다. 1950년에는 드디어 가정용이 80%로 역전해, 미국 전체 홍차 소비량의 70%를 차지할 정도로 성장하였다.

미국의 저널리스트 윌리엄 해리슨 우커스(William Harrison Ukers, 1873~1945)는 그의 저서인 『올 어바웃 티(All About Tea)』(1935년)에서 당시의 티백에 대해 "티백 내지 티 볼은 미국의 가정주부뿐만 아니라 요리사나 식당 종업원들 사이에서도 홍차를 확산시키는 데 큰 몫을 하고 있다. 그들은 티백으로 우린 홍차는 취급이 간단할 뿐만 아니라 맛도 거의 일정하다고 평가하고 있다"고 소개하였다.

우커스는 티 연구의 대가로서 당시 인도, 스리랑카, 자바, 중국, 일본 등의 티 생산지를 직접 방문해 영국과 미국의 티에 관한 데이터를 수집하고, 1127페이지라는 방대한 분량으로 『올 어바웃 티(All About Tea)』를 엮어 내 영국에서도 큰 호평을 받았다. 그러나 원래 보수적인 사고방식을 지닌 영국인들은 티를 우리는 방법을 근본적으로 바꾸는 데에는 신중한 자세를 보였다. 그리고 영국에서는 티백이 제2차 세계대전 이후에야 비로소 판매가 진행되었다.

또한 1904년에는 미국의 미주리주에서 개최된 '세인트루이스 만국박람회'에서 아이스티도 세계 최초로 등장하였다. 한여름의 만국박람회에서 홍차 시음회를 담당하던 영국인 리처드 블렌친든(Richard Blechynden, ?~?)은 뜨거운 홍차를 거들떠보지도 않는 미국인들을 대상으로 홍차를 담은 용기에 얼음을 띄워 '아이스티'로 판매한 결과 대성공을 거두었다.

1920년부터 1933년까지 지속된 금주법으로 인해 술의 판매가 금지된 것도 아이스티를 보급하는 데 큰 영향을 주었다. 결국 미국에서는 홍차 소비의 약 70%를 아이스티로 만들어 마시는 음료 문화가 자리를 잡았다. 당시 영국인들은 이 차가운 아이스티 홍차를 거들떠보지도 않았지만, 오늘날에는 영국에서도 인기가 매우 높다.

세인트루이스 만국박람회에서 사용된 알루미늄 찻잔 세트. 만국박람회가 개최된 연도와 로고가 새겨져 있다. 매우 작은 것이 아마도 테이스팅용인지도 모른다. 아이스티를 처음으로 발명한 리처드 블레친든도 사용했을까?/1904년.

레몬과 설탕을 넣은 아이스티는 미국의 국민 음료가 되었다/테이크 티 앤드 시(Take Tea and See) 브랜드의 광고 포스터, 1951년.

아프리카에서도 시작된 차나무의 재배

20세기 들어 인도, 스리랑카에서 개척 초기부터 티 산업에 종사해 온 수많은 영국인들은 시나브로 후세대에게 길을 양보할 시기를 맞았다. 이때 은퇴한 노익장의 기술자들이 그들의 숙련된 기술을 발휘할 '신대륙'으로 주목을 받은 곳이 동아프리카였다. 차나무의 재배에 한평생을 바쳐오면서 개척 의욕이 여전히 불타올랐던 노익장의 기술자들은 과학적인 조사에 입각하여 1903년에 케냐에서 아삼종의 차나무를 시범적으로 재배하였다. 그러한 재배의 성공으로 1924년 이후부터는 케냐에서도 본격적으로 홍차가 생산되기 시작하였고, 그 여파는 인근 국가인 우간다, 말라위까지 퍼져 나갔다.

이들 산지에는 홍차의 새로운 판매 형태인 '티백'에 적합하도록 찻잎의 생산이 요구되었다. 이러한 배경으로 중국에서 유래한 전통적인 가공 방식을 발전시킨 '오서독스(orthodox)' 방식과 'CTC' 과정을 거치는 '논오서독스(non-orthodox)' 방식이 적용 및 발전되었다. 이때 'CTC'는 'Crush(부수기)', 'Tear(찢기)', 'Curl(휘말기)'의 머리글자를 딴 것이다. 이 기계적 가공 방식은 1930년대에 윌리엄 매커처 경(Sir. William Mckercher, ?~?)이 고안한 것으로 알려져 있다.

서로 다른 속도로 회전하는(지름이 서로 다른) 두 롤러 사이로 찻잎을 끌어들여 부순 뒤 찢고 휘말아서 지름 1~2밀리미터의 알갱이로 만든다. 이렇게 CTC 장비로 가공한 찻잎은 배어 나온 액즙이 찻잎에 묻은 상태로 건조되기 때문에 뜨거운 물을 부으면 곧바로 함유 성분들이 우러나오고, 결과적으로 홍차의 색상도 붉은 홍색을 띠게 된다. 즉 티백용 찻잎의 생산에 적합하다는 것이다.

차나무는 동백나무속의 일종!

차나무는 차나뭇과 동백나무속의 상록수이다. 학명은 식물의
분류 체계와 식물 종의 개념을 처음 확립한 스웨덴의 식물학
자 칼 폰 린네(Carl von Linne, 1707~1778)가 그의 저서 『식물
의 종(Species Plantarum)』(1735년)에서 '테아 시넨시스(*Thea
sinensis*)'로 처음으로 명명하였다. 또한 린네는 녹차를 '테아 보
헤아(*Thea bohea*)', 홍차를 '테아 비리디스(*Thea viridis*)'로 분류하
였다. 그러나 후세의 책 속에서는 저자에 따라서 차나무가 '동백나무
속(*Camellia*)' 또는 '차속(*Thea*)'으로 표기되는 등 속명이 일정하지 않았다.

오늘날의 학명인 '카멜리아 시넨시스(*Camellia sinensis*)'는 독일의 식물학자
카를 에른스트 오토 쿤체(Carl Ernst Otto Kuntze, 1843~1907)로
1887년에 명명한 것이다. 학명은 종종 명명자의 이름이 붙어
서 '*Camellia sinensis* (L) O. Kuntze'로 표기되는 경우도 있다.
이때 'L'은 린네 이름의 머리글자이다.

차나무는 '차나뭇과(Theaceae)'이지만, 속명을 '동백나무속
(*Camellia*)'으로 할지, '차속(*Thea*)'으로 할지에 대하여 오
랫동안 논의가 진행되어 왔다. 그런데 1930년대에 이르
러 세계식물학회가 두 속을 묶어서 '동백나무속'으로 통
일, 하나로 표기하기로 결정한 것이다.

　(상): 칼 폰 린네의 초상화/로클린(Roclin), 1911년판.
　(하): 중국종의 차나무를 그린 세밀화/프란츠 오이겐 퀼러(Franz Eugen Köhler), 1883년판.

CTC 방식과 오서독스 방식의 가장 큰 차이는 '최종 향기'에 있었지만,
홍차를 주로 밀크 티로 만들어 마시는 영국인들에게는 홍차의 향기가 맛
과 감칠맛에 비해 우선순위가 아니었다. 따라서 CTC 방식의 홍차는 진
한 색상과 깊은 맛이 밀크 티에 적합하다고 평가되어 큰 환영을 받은 것
이다.

아프리카 대륙의 케냐에 광활하게 펼쳐지는 다원의 전경.

미세한 돋음 처리로 롤러 표면이 울퉁불퉁한 CTC 장비.

제7장. 티룸의 발전과 세계대전

티 댄스의 유행

20세기 초 영국과 미국에서 일반화된 새로운 티 문화는 고급 호텔의 라운지에서 즐기는 애프터눈 티였다. 라이브로 연주되는 음악을 배경으로 평소보다 화려한 티 후드를 걸치고 대화를 즐기는 애프터눈 티는 먼저 영국 여성들 사이에서 크게 유행하였다.

1913년 호텔 애프터눈 티의 오락으로서 충격적으로 데뷔한 문화가 있었다. 바로 남아메리카 아르헨티니아의 댄스와 탱고가 연출된 것이다. 이국적이면서도 관능적인 탱고는 그때까지 품위를 지켰던 티타임에 새로운 활력을 불어넣었다. 이 춤은 프랑스어로 '테 당상(thé dansant)', 영어로 '티 댄스'라고 하였다. 애프터눈 티의 무대에서는 전문 댄서들이 시범적으로 탱고를 화려하게 펼쳐 보였고, 그로 인해 탱고가 점차 인기를 얻자 탱고 교습소까지 등장하였다. 상류층을 중심으로 티 댄스 클럽도 등장하여 그중에는 영국의 왕족도 가입한 클럽이 있었다고 한다. 사보이호텔, 리츠호텔, 로열팰리스호텔, 켄싱턴호텔, 월도프호텔의 화려한 무대에서 펼쳐지는 티 댄스는 특히 인기가 높았다.

평소 정원에서 먹다 남은 티를 내버리는 습관(위 그림)으로 호텔 실내에서도 남은 티를 내버리고 만 부인. 3단 스탠드도 그려져 있다/〈펀치 또는 런던 샤리바리(Punch, or The London Charivari)〉 1924년 9월 3일자호.

오늘날에도 티 댄스용으로 판매되는 CD/위터드(Whittard), 왼쪽은 1997년판, 오른쪽은 2005년판.

티 댄스의 의상은 당시 유행한 아르누보 양식이 인기였다/〈일러스트레이티드 런던뉴스(The Illustrated London News)〉 1941년 크리스마스 특집호.

티 댄스는 미국에서도 유행하여 큰 화제를 불러 모았다. 미국 출신으로서 영국 런던에서 활약한 여배우 릴리언 러셀(Lillian Rusell, 1860~1922)은 일간지 〈시카고 데일리 트리뷴(Chicago Daily Tribune)〉의 1914년 2월 13일자호에서 티 댄스에 관하여 다음과 같은 내용으로 인터뷰하였다.

여자들은 카드놀이 테이블에 몸을 내밀고 도박을 즐기기보다 춤을 추면서 오후를 보내는 것이 몇 배나 더 즐거워요. 친구들과 '테 당상'을 즐긴 뒤에 일과를 마친 남편과 약속을 잡고 음악 1~2곡에 맞춰 춤을 추어요. 그러면 오늘도 기분이 무척이나 즐겁고 훌륭한 하루였다고 속삭이면서 남편과 함께 사이좋게 집으로 돌아갈 수 있거든요.

제1차 세계대전이 한창일 때 영국 정부는 티 댄스를 자제해 줄 것을 국민들에게 촉구하였다. 그 뒤 전쟁이 끝나면서 티 댄스는 다시 허용되었고, 1919년 5월에는 화이트리즈 백화점의 레스토랑에 티 댄스가 도입되었다. 또한 이 해에 개장한 '해머스미스 팰레이 드 댄스홀(Hammersmith Palais de Danse Hall)'은 2500명을 수용할 수 있는 대형 홀로서 큰 화제를 모았다. 티 댄스는 1930년대까지 여러 호텔에서 개최되었지만, 제2차 세계대전이 시작되자 댄스 홀은 점차 폐장되었다. 이때부터 티 댄스는 일반 가정집의 티타임이나 야외 피크닉 등에서 소규모로 즐기게 되었다.

한편, 티룸에서 티를 편하게 즐기게 되었고, 호텔에서도 화려한 애프터눈 티를 만끽할 수도 있었지만, 손님을 편하게 초대할 수 있는 '집'을 소유한 중산층 이상의 사람들에게는 가정에서 즐기는 애프터눈 티가 무엇보다도 소중하였다. 왕실에서는 조지 5세와 메리 오브 테크 왕비가 애프터눈 티를 일반인들이 보통 오후 4~5시에 시작하는 것과는 달리, '오

애프터눈 티를 즐기는 여성들의 모습을 잘 묘사한 「파이브 어클락 티(FIVE O'CLOCK TEA)」제목의 그림/줄리어스 레블랑 스튜어트(Julius LeBlanc Stewart) 1894년작, 1894년판.

후 5시'에 시작하도록 규칙을 만들었다. 왕실 관례에 따라 상류층과 중산층의 사이인 '파이브 어클락 티(5o'clock Tea)'라는 말도 유행하였다. 실내를 정돈하고 화려한 찻잔 세트를 준비한 뒤, 손님을 만족시킬 홍차와 티 후드를 차려입고 유머와 위트 있는 대화로 손님을 맞이하는 일은 고급 호텔에서 홍차를 즐기는 것 이상으로 여유가 있어야만 가능한 일이었다.

홍차 운송 방식의 변화

1908년 홍차 업체 브루크본드는 빨간색 덮개가 달린 짐마차를 사용하여 홍차를 배달하였다. 그리고 짐마차에는 회사 로고도 새겨 넣었다. 그로 인해 짐마차가 식료품점과 티룸 앞에 정차하고 있으면, 그 가게에서는 브루크본드의 홍차를 취급하고 있다는 광고 효과도 보았다고 한다. 짐마차를 이용한 홍차의 판매는 립톤과 마자왓테 티컴퍼니도 곧바로 도입하였고, 따라서 런던 거리에서는 홍차 광고를 내건 짐마차들이 오가는 모습을 매우 흔히 볼 수 있었다.

제1차 세계대전이 끝나자 브루크본드는 다른 업체보다도 먼저 짐마차와 함께 '트로전(Trojan)'이라는 붉은색의 자동차도 함께 이용하였다. 트로전의 차체는 짐마차와 마찬가지로 완전히 붉은색으로 도색되었기 때문에 '리틀 레드밴(Little Red Van)'이라는 별명도 붙여졌다. 당시 영국 주요 도시의 도로에는 거의 대부분 철도마차(horsecar) 전용의 레일이 깔려 있었다. 트로전은 한 손으로는 주유하면서, 또 한 손으로 레버를 올리고 내리는 구조의 방식이었기 때문에 운전을 잘하려면 숙련된 기술이 필요하였다. 운전이 미숙하면 트로전의 바퀴가 철도마차의 레일에 빠져 버려 그대로 차고까지 가는 경우도 허다하였다고 한다.

홍차 업체 브루크본드의 배달 차량, '리틀 레드밴'의 미니어처도 큰 인기를 끌었다/1930년대.

또한 트로전은 연료인 기름이 고갈되어 길거리에 그대로 정차해 버리는 경우도 있었다. 이를 막기 위해 운전자는 연료 탱크의 바닥에 조금이라도 남은 기름을 모두 사용하기 위하여 물통에 든 홍차를 연료 탱크 속으로 붓는 경우도 있었다. 그러면 탱크 안에서 홍차 위로 기름이 떠오르고, 그 기름을 연료로 트로전이 겨우 운행할 수 있었던 것이다. 그리고 트로전의 엔진 소리는 식료품점 주인들의 신경을 곤두세울 정도로 요란스러웠다. 그럼에도 불구하고 짐마차로는 3일이나 걸리는 것을 단 1일 만에 운송할 수 있었기 때문에 홍차의 운송 속도와 배달 시간의 정확도도 비약적으로 향상되었다. 이 같은 편리함으로 1920년대에는 수많은 업체들이 홍차를 자동차로 운송하기 시작하였다.

당시의 홍차 운송 차량을 본뜬 미니어처들

트와이닝스

J. 라이온스&컴퍼니

포트넘 앤 메이슨

해러즈

제1차 세계대전 이후 촉진된 홍차의 판매

1914년에 발발한 제1차 세계대전 당시 홍차는 처음에 배급 식품에 포함되지 않았다. 그러나 1917년에 독일 함대가 영국 함대의 해상 보급을 끊을 목적으로 일반 상선에까지 공격을 감행하자 홍차가 영국에 못 들어올 것이라는 소문이 나돌면서 일부 사람들은 홍차의 사재기에 나섰다. 이러한 소동에 편승하여 홍차의 소매가를 올리는 업체들까지 등장하면서 사람들은 홍차로 인해 큰 혼란에 빠졌다. 이로 인해 영국 정부는 일반 상선에 대한 경계를 강화하는 동시에 홍차를 배급 식품으로 등록하였다.

제1차 세계대전이 끝난 뒤, 브루크본드, 립톤, 마자왓테 티컴퍼니 등이 창업 당시부터 종이 상자로 개별 포장하여 판매한 티의 수요가 늘어나면서 점차 무게를 달아서 판매하는 전통 장식의 수요를 넘어섰다. 이때부터 수많은 식료품점에서는 보관이 편리한 종이 박스 포장의 티만 취급하였다. 트와이닝스도 1916년부터 종이 박스로 포장된 티를 판매하였다. 트와이닝스는 1956년에 낸 사사(社史)에서 당시 홍차 판매에 대해 다음과 같이 기록하고 있다.

SIR ALFRED MOND ON THE KEW TEA.

홍차를 배급품으로 지정한 정치인 알프레드 먼드 경 (Sir. Alfred Mond, 1868~1930)을 티 상인으로 풍자한 모습(왼쪽). 홍차를 자유롭게 구입하지 못한 여성이 실망한 나머지 순간적으로 울면서 뒷줄의 남성에게 안기자, 남성이 티 상인을 노려보고 있다./1918년판.

1939년 제2차 세계대전이 터질 때까지 우리는 몇 세대에 걸쳐 일반 가정에 티를 직접 배송하는 사업을 진행해 왔다. 수많은 고객들이 지방에 대저택을 소유하면서 많은 하인들을 고용하고 있었고, 또 하인들이 마시는 양까지 포함해 한 번에 25, 50, 100파운드의 티를 대량으로 주문해 주었다. 우리는 그 주문량에 따라 가격도 인하해 주기도 했다.

그러나 그런 시대는 이미 지나간 옛일이 되었고, 지금은 하인이 있으되, 많은 하인들을 거느리는 집은 거의 없다. 홍차의 대부분은 하인들도 마셨다. 그리고 이제는 가족과 손님들이 마시는 소량의 홍차를 구입하는 고객들밖에 없다. 그렇기 때문에 각 지역에서 미리 정해진 여러 종류의 블렌딩 홍차 중에서 고객들이 각자 원하는 것을 구입해 먹는 것이 고객들에게도 좋을 것이라 생각된다.

이러한 시대상의 변화로 트와이닝스가 판매 정책을 전환시킬 수밖에 없었던 것과 같이, 제1차 세계대전은 영국의 경제적인 상황을 심각한 위기에 빠뜨렸다. 애프터눈 티를 처음 시작한 베드퍼드 공작 가문을 포함하여 수많은 귀족층들이 경제적인 어려움을 겪었다. 특히 베드퍼드 공작 가문은 1920년대 런던에 두었던 타운하우스를 경매로 매각하였다. 신분 사회가 크게 요동치는 가운데 상류층을 대상으로 하는 티의 판매 방식은 이제 시대에 맞지 않게 되었다.

전통적인 판매 방식이 쇠퇴하는 가운데 새로운 유통 방식으로 도약하는 업체들도 있었다. 1905년 버밍엄의 티 상인 존 섬너 경(Sir. John Sumner, 1856~1934)이 자신의 티 브랜드인 '타이푸(Typhoo)'를 출시하였다. 그의 여동생이 잘게 부서진 가루 찻잎을 우려내 마셔 보았더니 소화 기능이 개선되었다는 말을 듣고 업체명을 중국어로 '의사'를 뜻하는 '대부(大夫)[dài·fu]'의 발음을 따서 붙인 것이다. '줄기와 큰 찻잎을 포함하지 않는 미세한 가루 티', '유해한 갈로타닌이 포함되지 않았다'는 의약

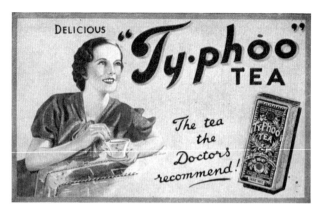

타이푸 업체의 광고 포스터. '의사가 추천한 티'라는 문구가 새겨져 있다. 타이푸 티를 마시면 몸이 건강해질 것이라고 선전하고 있다/타이푼(Typhoon) 업체의 광고, 1920년.

귀가하면 곧바로 자녀에게 홍차를! 외투도 벗기 전에 찻주전자를 먼저 손에 쥐어든 어머니의 자애로운 모습/1960년대.

적인 효과를 앞세운 판매 방법은 사람들로부터 큰 주목을 받았다. 그리고 타이푸는 티를 전략적으로 식료품점이 아닌 약국에서 판매하였고, 또 수많은 의사들이 가루 티의 소화 촉진 효능을 지지하면서 티 브랜드에도 큰 상승효과를 불러왔다.

타이푸는 판매 당시에 약의 이미지를 각인시키기 위하여 고객이 지켜 보는 앞에서 무게를 달아 판매하는 방식을 취하였다. 일종의 역발상이 었다. 점차 고객들의 수요가 늘어나면서 고정 상품의 티블렌드로 정한 뒤 수많은 식료품점에 납품하였다. 제1차 세계대전 중에도 영국 정부의 배급 홍차 지정에서 타이푸 티블렌드가 제외되지 않도록 4000명에 달하 는 의사들이 서명 운동에까지 나섰다고 한다.

이러한 티의 새로운 판매 방식에 큰 영감을 얻은 홍차 업체인 브루크 본드는 1930년에 라틴어로 '소화 기능을 돕는다'는 뜻인 '프리 제스트 티 (Pre Gest Tea)'라는 브랜드명으로 신제품을 출시한다. 프리 제스트 티는 국민의 관심과 흥미를 불러일으켜 매출이 폭발적으로 증가하였다. 이 티 블렌드는 훗날 '프리 제스트(Pre Gest)'의 머리글자만 따서 'PG'라고 불 렀다. 제2차 세계대전이 끝난 뒤에는 프리 제스트 티의 공식 명칭이 '의 약품법'에 저촉되는 과대광고로 지적되었다. 그 뒤 상품 설명에서도 '소 화 촉진'이라는 문구도 지워지면서 지금의 '피지 팁스(PG tips)'로 개칭되 었다.

브루크본드, 립톤 등의 대형 홍차 업체들은 런던의 홍차 경매소를 통 하지 않고 인도와 스리랑카의 다원들과 산지 직거래를 강화하면서 홍차 의 가격을 조정하였다. 그리고 미국과 캐나다를 비롯해 해외에 여러 곳 에 거점을 두고 홍차 시장을 장악하였다. 20세기 전반에 소규모의 홍차 업체들은 경영난에 허덕이면서 잇달아 대기업에 흡수 및 통합되었다. 홍 차의 대량 생산과 판매의 기반은 20세기 전반에 정착된 것이다.

동양의 일본으로 수입된 립톤 홍차

1858년 동양의 일본은 약 260년 만에 쇄국 정책을 철회하고 '메이지유신(明治維新)'을 단행하였다. 메이지유신은 에도 막부를 붕괴시키고 메이지왕(明治, 1867~1912)을 추대하여 왕정으로 복고한 역사적인 사건으로서, 이를 통해 일본은 서양의 새로운 문물들을 수용하면서 서양식 문명으로 개화되었다. 당시 일본 정부는 유럽인들이 즐겨 마시는 홍차에 주목하여 1874년부터 홍차의 국내 생산을 시도하였다.

한편 1887년 일본 공식 기록상으로는 처음으로 영국에서 100킬로그램의 홍차가 수입되었다. 이 홍차는 외교 사절단의 사교장인 로쿠메이칸(鹿鳴館)과 정부 인사들의 만찬장에서 사교용으로 활용되었다. 또한 1906년, 메이지야(明治屋)가 영국의 립톤으로부터 종이 박스로 포장된 티를 수입하였다. 이것이 브랜드 홍차를 수입한 시초이다. 립톤의 홍차는 품질이 좋았기 때문에 영국에서 귀국한 유학생이나 서양 문화를 동경하는 사람들 사이에서 인기가 많았다. 이는 일본에 홍차를 보급하는 데 큰 역할을 하였다.

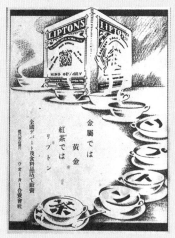

립톤의 홍차는 노란색 캔에 든 상품으로 수입되었기 때문에 '황금'의 이미지가 있었던 것 같다/워커합자회사의 광고 포스터, 1935년

선물용으로 닛토코차(日東紅茶)를 권하는 광고 포스터/1936년.

인도의 산악 철도

인도의 다르질링, 닐기리는 해발고도가 매우 높은 험준한 산악 지대이다. 이러한 곳에서 다원이 발달하면서 문제로 떠오른 것은 산기슭 아래의 마을까지 홍차를 운송하는 방법이었다. 사람이 홍차를 바구니에 담아 등에 지고 나르는 방식은 인적 부담이 큰 데 비하여 그 효율성은 턱없이 낮았다.

증기기관차의 차체가 장난감처럼 작기 때문에 '토이 트레인(Toy Train)'이라는 애칭으로 사랑을 받은 다르질링 히말라야 철도.

당시 '철도 왕국'이라 불렸던 영국은 1881년에 세계 최초의 산악 철도인 '다르질링 히말라야 철도(Darjeeling Himalayan Railway)'의 첫 구간을 개통하였다. 1899년에는 '닐기리 산악 철도(NMR, Nilgiri Mountain Railway)'가 개통되었다. 홍차를 운송하는 철도가 완성된 것이다. 이러한 산악 철도는 홍차 산업의 기반이 되었다. 두 철도는 오늘날 '인도의 산악 철도군'으로서 유네스코 세계문화유산으로 등재되어 있다.

닐기리 홍차의 운송을 맡은 닐기리 산악 철도.

여성들이 동경한 직업, '니피'

J. 라이온스&컴퍼니의 이상적인 웨이트리스, 즉 '니피(Nippy)'가 되기 위해서는 지켜야 할 규칙들이 매우 많았다. '모자는 회사 로고가 중앙에 오도록 제대로 맞춰 착용할 것', '리본, 앞치마는 깨끗이 세탁하고 다림질할 것', '화장은 약간 가볍게', '헤어스타일은 깨끗하고 단정하게', '치아의 손질은 꼼꼼하게', '손은 깨끗이 씻고, 손톱은 잘 정돈할 것', '치마 길이는 너무 짧지 않게', '스타킹은 검은색으로', '신발은 단순하고 굽이 낮은 것으로 하되, 잘 닦을 것' 등이다.

J. 라이온스&컴퍼니는 직원들의 사기를 진작시키기 위하여 해마다 가장 우수한 니피를 선정하는 대회를 열고, 최우수자에게는 100파운드의 상금을 수여하였다. 우수한 실적의 니피들은 '니피 스쿨'에서 강사로 활동하면서 후배 양성에 힘썼다. 이렇게 J. 라이온스&컴퍼니에서는 새로운 시대에 걸맞은 모던한 여성들이 배출되었다. 1930년 런던에서는 비니 헤일(Binnie Hale, 1899~1948)이 주인공인 니피역을 맡아 코미디뮤지컬인 「니피(Nippy)」가 상연될 정도였다.

참고로, 비니 헤일은 1920년
~1930년대를 주름 잡은 영국 최고의 뮤지컬 여배우이자, 영화배우, 재즈가수, 댄서로서도 활동한 만능 엔터테이너였다. 헤르만 후프펠트(Herman Hupfeld, 1894~1951)가 작곡한 「시간이 흐르면서(As Time Goes By)」(1931년)를 런던 사보이 호텔에서 재즈밴드의 피아노 반주에 맞춰 불러 사람들로부터 큰 사랑을 받았다. 이 노래는 훗날 할리우드의 영화, 「카사블랑카(Casablanca)」(1942년)의 사운드트랙으로 더 유명해진다.

J. 라이온스&컴퍼니의 사내 니피 경연 대회에서 우승한 '미스 라이온스'가 광고 톱모델이 되었다/J. 라이온스&컴퍼니의 광고, 1925년.

발명가 윌리엄 잭슨

홍차가 발전하는 데는 발명가의 기여도 결코 빼놓을 수 없다. 영국의 발명가인 윌리엄 잭슨(William Jackson, 1849~1915)은 홍차 세계에 큰 공헌을 한 연구자이다. 스코틀랜드의 티업체인 '스코티시 아삼 컴퍼니(Scottish Assam Company)'에서 근무하던 윌리엄은 아삼 지사에 부임한 뒤로 티 가공 기계에 큰 관심을 가졌다.

윌리엄은 브리타니아 철공소와 제휴하여 장비업체인 '마샬선즈&컴퍼니(Marshall Sons & Co.)'를 창립하여 찻잎을 효율적으로 비비고 휘마는 유념기의 개발에 나섰다. 1872년에 개발된 이 유념기는 약 300대의 판매고를 기록하면서, 인도, 스리랑카의 홍차 가공 공장에 설치되었다. 1884년에는 홍차를 건조하는 '건조기'도 개발하였다. 1888년에는 건조시킨 홍차를 거름망으로 크기별로 분류하는 '선별기'를, 1898년에는 '개별 포장기'를 잇달아 개발해 시장에 내놓으면서 티 산업의 기계화를 독점하였다.

발명가 윌리엄 잭슨(William Jackson, 1849~1915)이 개발한 홍차 유념기. 실론티박물관에 전시되어 있는 모습.

제 8 장

세계대전을 넘어 21세기로

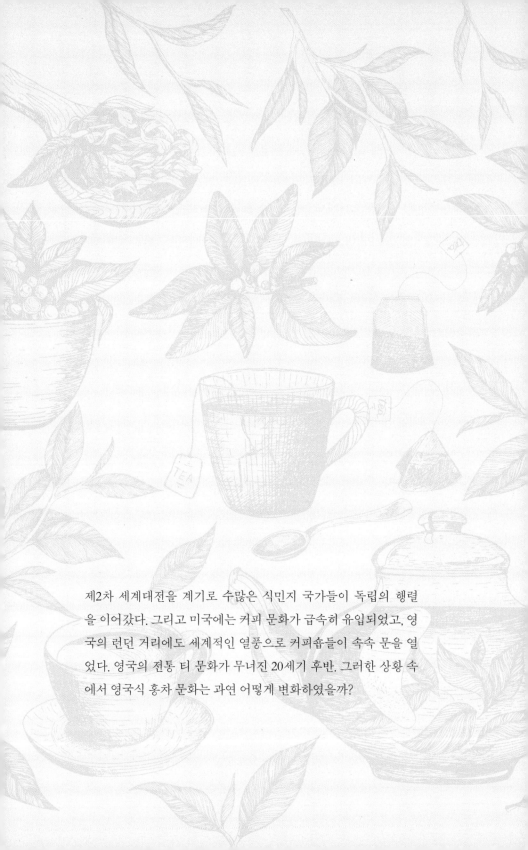

제2차 세계대전을 계기로 수많은 식민지 국가들이 독립의 행렬을 이어갔다. 그리고 미국에는 커피 문화가 급속히 유입되었고, 영국의 런던 거리에도 세계적인 열풍으로 커피숍들이 속속 문을 열었다. 영국의 전통 티 문화가 무너진 20세기 후반. 그러한 상황 속에서 영국식 홍차 문화는 과연 어떻게 변화하였을까?

국제티위원회의 설립

1930년대 들어 농업의 기계화로 농작물이 과잉 생산되면서 전 세계적으로 '농업 대공황'이 일어났다. 이때 티의 가격이 폭락하면서 티 생산국의 경제도 큰 타격을 입었다.

그 대책으로 당시 주요 티 생산국이었던 인도를 주축으로 스리랑카, 인도네시아의 각국 대표들은 1933년 2월 런던에서 모여 세계 최초로 민간 차원의 티 협정을 체결하였다. 이때 체결된 내용은 특별한 경우를 제외하고는 차나무의 재배 면적과 생산량을 확대하지 않겠다는 것이었다. 그리고 이러한 협정은 제2차 세계대전 이후인 1954년까지 지속되었다.

이 국제적인 협정을 관리하기 위해 1933년 7월 '국제티위원회(ITC, the International Tea Committee)'가 런던에 설립되었다. 인도, 스리랑카, 인도네시아 외에 케냐, 우간다, 탄자니아, 말라위도 참여하였다. 국제티위원회의 설립 목적은 과잉 생산을 억제하여 홍차 생산국의 수익성을 높이는 것이었다.

이렇게 국제티위원회가 설치되어 홍차의 생산량이 조절되어 티의 가격도 1930년대 중반부터 제2차 세계대전이 시작될 때까지 완만하게 상승하였다. 오늘날 국제티위원회는 홍차 생산국의 생산량, 수출량을 비롯하여, 각종 통계 관리와 세계 티 산업과 관련한 정보를 수집하고, 그 정보를 관계국과 국제 관련 기관에 제공하고 있다. 그 정보는 티 통계의 최고 권위로 인정을 받고 있다.

제2차 세계대전과 홍차

1939년 제2차 세계대전이 벌어진 지 이틀 만에 영국 정부는 홍차의 배급제를 도입하였다. 당시 영국 내에 있던 홍차 업체에 재고량을 제출하도록 한 뒤 그 모든 홍차를 매수하였다. 이는 제1차 세계대전이 벌어졌을 때의 '홍차 공황'에서 얻은 교훈이었다. 그리고 폭격기의 공습에 대비하여 모아 둔 홍차를 런던 시내에서 교외 창고로 옮겨 관리하였다.

영국 정부는 한데 집하된 홍차를 각 홍차 업체에 분배한 뒤 각 업체에서 블렌딩하여 개별 포장하도록 명령하였다. 제1차 세계대전 때 사람들에게 배급된 티블렌드는 트와이닝스가 생산한 단 한 종류밖에 없었다. 그런데 제2차 세계대전 때는 세 종류의 티블렌드가 사람들에게 배급되었다. 브루크본드, J. 라이온스&컴퍼니의 공장에서도 홍차의 블렌딩과 개별 포장이 진행되었다. 그런데 마자왓테 티컴퍼니와 타이푸는 불행히도 공장이 공습을 받아 파괴되면서 배급용 홍차를 블렌딩할 수 없었다. 그럼에도 이들 업체의 직원들은 다른 홍차 업체의 공장에서 일하거나 차량으로 홍차를 사람들에게 배급하였다.

영국의 수상인 윈스턴 처칠(Winston Leonard Spencer Churchill, 1874~1965)은 "비록 전쟁터에서 총알이 떨어지는 일이 있더라도, 홍차만은 절대로 떨어져서는 안 된다"며 격전을 벌이는 해군 함정의 선원들에게 홍차를 무제한으로 보급하도록 명령을 내렸다. 한 나라의 수상인 처칠은 홍차가 전쟁이라는 비상사태 속에서도 국민들의 몸을 따뜻하게 해주고, 긴장과 공포 속에서 한순간이라도 평안을 안겨 주는 훌륭한 음료라는 사실을 잘 알고 있었다. 국민에 대한 홍차의 배급은 1940년~1952년까지 계속되었다. 각 가정에 대한 배급량은 일주일에 평균 55g이었고, 5세 이상의 국민에게 배부되는 배급 수첩을 통하여 엄중하게 관리되었다. 그리

제2차 세계대전 당시 개별 포장된 홍차. 정부의 지시에 따라 모든 업체들이 정해진 양의 홍차를 생산하였다/1940년대, 1990년 복원품.

1939년 8월에 체결된 '독일·소련 불가침조약'을 풍자한 만화. 견원지간인 독일 총통 아돌프 히틀러(오른쪽)와 소련 수상 이오시프 스탈린(왼쪽)이 손을 잡으면서 전 세계에 큰 충격을 안겨 주었다/〈펀치 또는 런던 샤리바리(Punch, or The London Charivari)〉 1940년 3월 27일자호.

1943년에 사람들이 배급을 받는 모습의 카드. 배급 제도를 통하여 사람들이 평등하게 구입하는 모습을 묘사하고 있다/〈컬트 스터프(Cult Stuff)〉 2012년호

영국의 수상 윈스턴 처칠은 독설가로도 유명하였다. 의회에서 처칠에게 비판적인 한 여성 의원이 "내가 당신의 아내였다면, 당신이 마시는 홍차에 독을 넣을 것"이라고 비아냥거린 데 대하여, 처칠은 "내가 당신의 남편이었다면 기꺼이 그 홍차를 마시겠다(당신의 남편으로 사는 것보다 차라리 죽는 게 낫다)"고 태연하게 대답해 그 여성 의원을 분노하게 만들었다/〈펀치 또는 런던 샤리바리(Punch, or The London Charivari)〉, 1925년 2월 18일호.

고 국민들은 배급 수첩을 통하여 정부에서 지정한 홍차 전문점이나 식료품점에 가서 자신이 원하는 업체의 홍차를 받을 수 있었다. 전쟁 상황에 따라 배급량도 해마다 변하였기 때문에 배급 수첩도 해마다 제작되었다. 특히 군인과 노인들에게 홍차의 배급량이 더 많았던 해도 있었다고 한다.

1946년 1월 〈이브닝 스탠더드(Evening Standard)〉에 게재된 조지 오웰(George Orwell, 1903~1950)의 '한 잔의 맛있는 홍차'라는 에세이에는 홍차를 맛있게 먹는 방식에 대한 필자의 신념이라고 할 '총 11개조'가 실려있다. 그중 제4조는 다음과 같다.

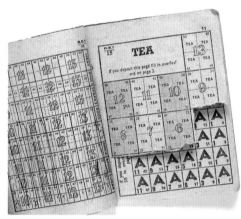

배급 수첩 내의 홍차 페이지. 작은 칸 안에 'TEA'라는 문구가 보인다. 한 칸씩 잘라서 쿠폰처럼 홍차와 교환하였다. 사진은 1952년에 발행된 수첩이다/영국제.

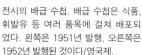

전시의 배급 수첩. 배급 수첩은 식품, 휘발유 등 여러 품목에 걸쳐 배포되었다. 왼쪽은 1951년 발행, 오른쪽은 1952년 발행된 것이다/영국제.

홍차는 무엇보다도 진하게 우리는 것이 중요하다. 1리터들이의 넉넉한 티포트에 물을 가득 부을 경우에 홍차는 수북한 6티스푼이 적당할 것이다. 지금과도 같은 전시 배급 시대에는 매일 그렇게 할 시늉은 못 내지만, 진한 홍차 한 잔은 싱거운 홍차 스무 잔을 능가한다는 것이 곧 나의 지론이다. 진정한 홍차 애호가라면 진한 홍차를 좋아할 뿐만 아니라 해가 갈수록 점점 더 진한 홍차를 좋아할 것이다. 이러한 사실은 노령 연금 수급자의 배급량이 할증되는 것으로도 입증된다.

대공습으로 초토화된 런던의 거리를 홍차 배급 차량만큼은 계속 운영하여 홍차가 필요한 장소에 정확하게 보급하였다. 물론 이 홍차는 전쟁터에서 싸우는 군인들에게 전달되었다. 전쟁터의 최전선에는 영국군과 YMCA가 협력하여 홍차를 보급하였다. 특히 YMCA는 홍차 배급 차량을 40대나 보유하였고, 그중 24대는 프랑스로 홍차를 운송하였다. 그

YMCA의 홍차 배급 차량 주위에 모여 잠시 티타임을 즐기는 사람들/1942년 6월 3일의 기록 사진.

런던의 플리머스 스트리트에서 촬영된 YMCA의 홍차 배급 차량. 전쟁터에서 차체가 파괴된 모습/1941년 5월 2일자 기록 사진.

런데 세계대전이 종전된 뒤 영국으로 다시 돌아온 차량은 단 한 대뿐이었다고 한다. 이러한 배급 차량의 정확한 운행으로 전쟁터에서도 정해진 시각에 티 브레이크를 즐길 수 있었다.

격전지가 된 버마(현 미얀마)에도 영국 공군이 홍차를 정기적으로 수송해 육군의 홍차 담당자를 통하여 군인들에게 보급되었다. 당시 자료에 따르면, 동남아시아의 전쟁터에서는 4갤런(약 18리터)들이 휘발유통을 깨끗이 씻은 뒤 거기에 물을 넣고 끓여서 찻잎과 설탕을 두 손 가득히 담아 넣고, 연유 2캔을 부어서 밀크 티를 만들었다고 한다. 전쟁터의 군인들은 이른 아침에 마시는 진한 홍차를 '화약탄(火藥彈)'이라고 하였다. 티 브레이크는 죽음에 대한 긴장과 불안을 달래 주고 사기를 진작하는 소중한 시간이었다. 또한 홍차는 전쟁터에서 먹을 수도 있는 비위생적인 식수의 독성을 풀어 줄 목적으로 지급되었다는 이야기도 있다.

1934년 YMCA의 홍차 배급 차량을 본뜬 미니어처. 왼쪽은 1969년, 오른쪽은 1994년에 제작된 것이다.

제2차 세계대전 당시에 배급된 홍차. 비를 맞아도 상관없도록 알루미늄캔에 포장되어 있다/영국제, 1940년.

홍차 생산국인 인도와 스리랑카에서는 다원의 자위단을 조직하고, 노동력의 부족과 사재의 부족이라는 어려움을 극복하면서 전시에도 홍차를 계속 생산하였다. 격전지였던 스리랑카와 가까운 아삼에서는 영국군

들이 주둔하고 다원을 지켰다. 또한 영국 정부는 산지에서 영국까지 선
박의 왕래를 줄이기 위해 '잘게 자른 브로큰(broken) 등급의 홍차'를 생
산하도록 다원에 지시를 내렸다. 큰 크기로 가공된 찻잎은 부피가 커서
대량으로 운송할 수 없었기 때문이다. 이러한 배경으로 인도 영토의 일
부를 제외한 대부분의 홍차 산지에서는 브로큰 등급의 홍차를 생산하기
시작하였다. 제2차 세계대전 중인 1940년, 노동부 장관인 어니스트 베빈
(Ernest Bevin 1881~1951)은 공업 제품의 생산성을 높이기 위하여 노동관
리조합과 협의하여 임의의 한 공장에서 1개월 동안 오전과 오후에 걸쳐
하루 두 번씩 작업자 전원이 티 브레이크의 시간을 갖는 실험을 진행하
였다.

대부분의 노동자들은 정해진 시간에 휴식을 취하는 것이 아니라 각자
자신의 판단으로 일을 잠시 멈추고 홍차를 마셨다. 실험이 종료된 이후
에 공장의 임직원은 노동부 장관인 베빈에게 "짧은 휴식을 일정하게 취

공장에서 정기적으로 티 브레이크를 갖는 모습. 노동부 장관인 어니스트 베빈이 추진하였다. 사진의 공
장에서는 제1차 세계대전 때부터 오전 9시에 10분 동안, 오후 4시에 30분 동안의 티 브레이크가 실시되
었다. 공장에서 갖는 티 브레이크는 제2차 세계대전을 통해서 일반화되었다⟨일러스트레이티드 런던뉴
스(The Illustrated London News)⟩ 1946년 11월 8일자호.

한 결과 노동자들의 집중력이 높아져 생산성도 향상되었다"고 보고하였다. 한편, 베빈은 1년 더 산업계에서 실험을 진행하여 티 브레이크의 효과에 대해 검증하였다. 그리고 공장에서 하루 두 차례의 휴식 시간은 생산성을 향상시킨다는 결론을 내렸다.

한편, 영국에서는 제2차 세계대전이 끝날 때까지 사칙으로 정기적인 티 브레이크를 갖는 업체가 30배나 증가하였다고 한다. 노동 중의 티 브레이크는 노동자와 경영자로부터 큰 환영을 받았다. 전쟁 중에도 이와 같이 홍차의 관리와 보급이 철저히 이루어진 국가는 영국 외에는 유례를 찾아볼 수가 없다. 영국인들에게 홍차는 단순한 기호식품의 차원을 넘어서는 매우 특별한 음료였던 것이다.

식민지들의 독립과 생활상의 변화

제2차 세계대전으로 국가 경제가 피폐하였던 영국은 식민지인 인도를 유지할 능력을 상실하였다. 1946년 인도에서는 민중들의 해방 운동과 파업이 빈번하였고, 또한 전역에서는 이슬람교도와 힌두교도 간의 대립도 격화되었다. 영국은 인도의 독립을 승인할 방침이었지만, 종교상의 문제로 조정이 큰 난항을 겪었다. 결국 1947년 파키스탄과 인도로 각각 분리 독립되었다. 이듬해 1948년에는 실론도 독립하였고, 1972년에는 국명이 스리랑카공화국으로 변경되었다. 오늘날 스리랑카 홍차는 옛 국명을 붙여서 '실론 홍차'라고도 한다. 1960년대에는 아프리카대륙의 우간다, 케냐, 말라위 등의 주요 홍차 생산국들도 잇달아 독립하였다.

'해가 지지 않는 나라'로 비유된 대영제국의 모습은 이제 어디에도 없다. 영국은 제2차 세계대전 당시에 홍차를 운송하면서 어려움을 겪었던 교훈을 살려 전후에는 운송 거리가 비교적 가까운 케냐에 대한 투자를 강화하였다. 이로 인해 케냐에서는 홍차의 생산량이 크게 증가하였고, 경제 발전에도 큰 영향을 주었다. 그러나 영국에서는 예전과 달리 중산층의 사람들도 많이 줄어들었다. 여성들도 경제적인 문제를 해결하기 위해서, 또는 남성들과 동등한 권리를 찾아서 사회적인 활동을 왕성하게 펼쳐 나갔다. 이와 같이 가정에서 쉬면서 여유 있게 홍차를 즐기는 사람들이 줄어들면서 큰 주목을 받은 상품이 바로 '티백(tea bag)'이었다.

1837년 요크셔에서 창업한 티 업체인 테틀리(tetley)는 1856년에 런던으로 거점을 옮겨 사업을 확대하였다. 그리고 1888년에는 미국으로 진출하여 1930년부터 티백을 생산하였다. 테틀리는 그 기술력을 살려 1953년부터 영국에서 최초로 티백을 출시하였다. 영국인들은 빅토리아 시대의 후기에는 티백을 거들떠보지도 않았다. 그러나 제2차 세계대전 이후

티백은 오늘날 다양한 소재와 형태로 생산되고 있다.

부터는 영국에서도 큰 환영을 받았고, 다른 업체들도 티백의 생산에 나섰다. 1956년에는 트와이닝스도 티백을 판매하기 시작하였다.

당시 티백은 1945년경부터 상업적으로 사용된 내열성 여과지에 찻잎을 담은 싱글 백이 주를 이루었다. 그러나 1953년 독일에서 여과지를 알루미늄 스테이플러로 찍는 더블 백의 장비가 도입되면서 티백의 형태는 매우 다양해졌다. 브루크본드, 타이푸도 티백의 판매에 총력을 기울였고, 식료품점에서는 개별적으로 포장된 새로운 디자인의 홍차들이 수없이 많이 진열되었다.

1960년대에는 노동자들에게 하루 두 차례의 티 브레이크를 갖도록 하는 조항이 포함된 노동법이 제정되면서 직장에서 티타임은 이제 노동 문화로 정착되었다. 그리고 노동 현장에서 갖는 티 브레이크에서는 점차

영국의 슈퍼마켓에서 진열된 피지 팁스(PG tips) 브랜드의 인스턴트 홍차.

티백이 선호되었다. 그러나 1960년대 초반까지는 아직 티백의 보급률이 3퍼센트에 지나지 않았다.

한편 미국에서는 립톤이 1958년부터 인스턴트 티의 상품화를 추진하였다. 이 인스턴트 티는 분말 형태의 홍차를 간단히 온수나 냉수에 녹이는 것만으로 쉽게 홍차를 즐길 수 있는 제품이었다. 1965년 이후부터 미국 내에서 급속하게 보급되었고, 1990년대부터는 미국에서 소비되는 홍차의 약 30%를 차지할 정도로 급성장하였다. 그러한 흐름은 영국으로도 확산되었고, 1970년대부터 일부 식료품점에서는 인스턴트 티를 선보였다. 그러나 보수적인 영국인들은 티백이 처음 나왔을 때와 마찬가지로 그러한 변화를 곧바로 받아들이지 않았다.

커피숍의 발전과 티룸

1960년대 런던의 거리에는 미국계 커피숍과 이탈리아계 에스프레소 바가 늘어나면서 기존의 티룸은 점차 그 자취를 감추기 시작하였다. 티백의 보급으로 홍차는 이제 그 어느 때보다도 가정이나 직장에서 쉽게 마실 수 있는 음료가 되었다. 따라서 사람들 사이에서는 '일부러 밖에서 홍차를 마시지 않아도 된다', '가정에서도 쉽게 마실 수 있는 홍차에 돈을 들이고 싶지 않다'는 인식이 확산되면서 새롭게 진출한 커피숍의 매력에 맞설 수 없게 되었다. 특히 에스프레소 바의 모던한 이미지는 젊은이들을 사로잡았다. 또한 상류층의 사람들이 일반화된 홍차에 싫증을 느껴 커피를 더 선호하면서 커피의 이미지가 높아짐에 따라 중산층들도 그 유행을 쫓아갔다.

한편 노동자 계층에서는 패스트푸드의 문화가 대두되면서 외식 붐이 일어났다. 식품의 종류가 다양해지면서 소비자의 취향도 천차만별이 되었고, 이와 함께 각자가 선호하는 식품을 원하는 시간에 먹는 문화도 급속히 성장하였다. 그로 인하여 지금껏 가정에서 먹던 아침 식사도 패스트푸드점에서 해결하면서 전통적인 아침 식사 문화도 붕괴하였다. 그 결과 온 가족이 모여 홍차를 즐기거나 식사를 같이하는 시간을 점차 갖지 못하였다. 제2차 세계대전 이전에는 영국인들에게 거절당하였던 아이스티가 이제 영국에서도 그 수요가 늘어나기 시작하였다.

물론 영국의 전통적인 생활방식과 문화의 쇠퇴를 안타까워하는 사람들도 있었다. 1895년에 역사적인 건축물의 보호를 위하여 설립된 자원봉사단체인 '내셔널트러스트(NT, National Trust for Places of Historic Interest or Natural Beauty)'도 제2차 세계대전 이후 훌륭한 전통이 급속히 사라져 가는 것에 대해 큰 위기감을 느끼고 있었다. 또 1970년대에는 상류층의

영국의 명건축가 로버트 애덤(Robert Adam, 1728~1792)이 1760년에 설계한 케들톤 홀(Kedleston Hall)도 내셔널트러스트가 소유하여 관리하고 있다.

사람들이 경제적인 문제로 '컨트리 하우스'를 차례로 매각하면서 내셔널트러스트는 그러한 건물들을 매입한 뒤 건물과 정원을 원래의 모습대로 재현하여 일반 시민들과 관광객들에게 개방하였다. 내셔널트러스트는 유적지를 찾아오는 방문객들을 위하여 티룸도 병설하였다. 그중에는 애프터눈 티를 즐길 수 있는 티룸도 있었다. 이러한 시도는 외국 관광객들뿐만 아니라 영국 국민들에게도 큰 환영을 받았다. 이러한 활동에 영향을 받아 1980년대 들어서는 런던 거리에서도 개인이 경영하는 고풍스러운 티룸들이 부활하였다.

이러한 흐름 속에 1985년에는 티 길드 단체인 '영국 티자문회(UK Tea Council)'가 설립되었다. 영국 홍차의 역사, 홍차에 관한 최신 정보의 제공, 맛있는 홍차를 즐길 수 있는 티룸의 소개 등 홍차를 보급할 목적으로 결성된 이 비영리 단체는 매년 봄철마다 회원으로 등록된 가게에서 그 해 최고의 티룸을 선정하는 경연 대회를 실시하고 있다. 그 심사는 세 부문으로 나뉘어 진행된다. 런던 내의 호텔과 티룸을 대상으로 하는 '톱 런던 애프터눈 티'와 런던 외 영국 전역의 호텔을 대상으로 하는 '톱 시티 & 컨트리호텔 티', 런던 이외 영국 전역의 티룸을 대상으로 하는 '톱 티 플레이스 어워즈'이다. 심사 방법도 매우 엄격하다. 전년 여름부터 가을에 걸쳐 복면 차림의 조사원이 각 티룸을 방문하여 125항목에 달하는 상세한 전형 기준에 따라, 홍차의 품질, 맛, 온도, 농도를 비롯해 메뉴의 구성, 직원의 친절 서비스, 점포의 분위기, 연출, 직원의 지식 수준, 대접 등을 세밀하게 평가한다. 복면 차림의 조사원들은 보통 은퇴한 홍차 업체의 기술자와 티 테이스터, 경영자들로 구성되어 있다. 이러한 심사는 매년 화제가 되면서 홍차 애호가들에게 큰 관심거리가 되고 있다.

런던 옥션의 폐쇄

홍차 생산국들이 독립하면서 소비지에서의 홍차 경매도 활기를 잃었다. 1958년 네덜란드 암스테르담 옥션으로 시작해 1965년에는 독일의 함부르크 옥션, 1971년의 벨기에 앤트워프 옥션이 차례로 폐쇄되었다. 전 세계의 홍차를 거래하였던 런던 옥션도 1998년 6월 29일의 거래를 마지막으로 그 역사의 막을 내렸다.

요크셔의 수질에 맞춘 티블렌드 홍차가 특징이었던 '테일러스 오브 해러게이트(Taylors of Harrogate)'를 흡수 및 합병한 '베티스 카페 티룸스', 즉 '베티스 티룸스 해러게이트(bettys tea rooms harrogate)'도 이 마지막 경

티백 아이스티의 광고도 등장하였다/트와이닝스(Twinings) 광고, 1970년.

호텔의 애프터눈 티와 교외의 티룸을 특집으로 다룬 책과 잡지들.

매에 참가하였다. 베티스 티룸스 해러게이트는 트와이닝스, 브루크본드, 테틀리 등의 강력한 경쟁자들을 상대로 런던 옥션에 마지막으로 출품된 스리랑카 헬보데(Hellbodde) 다원의 홍차 한 상자(44kg)를 1kg에 550파운드의 낙찰가로 구입하였다. 이러한 거래로 생긴 이익들은 모두 자선 사업에 기부하였다. 이와 관련하여 베티스 티룸스 해러게이트의 바이어는 다음과 같이 설명하였다.

베티스 티룸스 해러게이트는 지금도 영국의 몇 안 되는 가족 경영의 홍차 가게 중 하나이다. 그래서 300년이 넘는 홍차 역사의 상징이 될 홍차를 입찰한 것은 참으로 옳은 일이었다고 생각한다. 우리는 단순히 고객에게 역사의 일부분을 맛보이고 싶어서 그 생각대로 행동하였을 뿐이다.

다음 날, 요크셔에 있는 베티스 티룸스 해러게이트의 티룸에서는 아마도 지금까지 제공된 홍차 중에서 가장 비싼 홍차를 무료로 제공하여 단골손님들을 기쁘게 하였다. 이때의 홍차 일부는 티룸에 보관되어 있다고 한다. 그 뒤 홍차는 모두 산지에서 경매를 통해 거래되고 있다.

19세기에 소비지에서 홍차를 경매하는 풍경/1890년판.

젊은이들에게 보내는 메시지,
"홍차를 더욱더 즐기자!"

1990년대부터는 유기농으로 재배된 오가닉 티와 환경 친화성의 인증인 '레인 포레스트 얼라이언스(Rain Forest Alliance)(열대우림동맹)'를 취득한 홍차가 큰 주목을 받고 있다. 또한 원산지와 공정한 거래를 진행하였다는 인증인 '공정무역(Fair trade)'을 통해서도 산지인들을 보호하기 위한 운동들이 전개되었다.

'레인 포레스트 얼라이언스(Rain Forest Alliance)' (열대우림동맹)의 공인 마크가 붙은 피지 팁스(PG tips) 브랜드의 티백.

슈퍼마켓 자체 브랜드의 홍차에서도 공정무역의 인증 상품이 늘고 있다.

왕실과 홍차

영국 왕실에서 거행되는 각종 기념행사들은 홍차 업체의 입장에서는 매우 특별한 티블렌드를 만들어 납품할 수 있는 좋은 기회이다. 21세기에는 엘리자베스 2세 즉위 50주년의 기념식(골든 주빌리), 즉위 60주년의 기념식(다이아몬드 주빌리), 그리고 윌리엄 왕세자와 캐서린 왕세자비의 결혼, 그 아들인 조지 왕자의 탄생 등 매우 다양한 경사들이 있었다. 이와 같은 왕실의 경사를 위하여 평소보다 화려하게 디자인하여 한정판으로 판매되는 홍차 캔들은 홍차 애호가들에게 큰 기쁨을 선사한다.

영국 왕실의 행사 중 하나로 버킹엄 궁전의 '가든 티 파티'가 있다. 이 티 파티에는 왕족들과 각국의 대사들뿐만 아니라, 국내외 유명 인사들과 함께 봉사활동, 교육·스포츠 등 각 분야에서 공로가 인정된 사람들이 매년 3000명 정도 초대된다. 2012년의 가든 티 파티에서는 2만 7000잔의 홍차, 2만 조각의 샌드위치, 2만 개의 케이크가 대접에 사용되었다.

왕실의 경사에 맞춰 생산한 홍차 블렌드. 왼쪽부터 ① 엘리자베스 2세 여왕의 대관 60주년 기념식, ②윌리엄 왕세자와 캐서린 왕세자비의 결혼식, ③④ 엘리자베스 2세 여왕의 즉위 60주년 기념식, ⑤엘리자베스 2세 즉위 50주년 기념식의 캔.

가든 티 파티에서 제공된 해러즈의 '로열 가든 티(Royal Garden Tea)'.

또한 2003년에는 영국 왕립화학협회가 커피 문화에 물든 젊은이들에게 홍차를 더 즐길 것을 권하면서 영국 국민들에게 '한 잔의 밀크 티를 완벽하게 우리는 방법'에 관한 메시지를 발표하였다. 맛있는 홍차를 우리려면 '캔에 든 아삼 홍차, 연수, 신선하면서 차가운 우유, 백설탕'이 재료로 필요하고, '주전자, 도자기 홍차 포트, 큰 도자기 찻잔, 체의 눈이 작은 그물망, 티스푼, 전자레인지'를 조리 기구의 예로 들었다.

여기서는 영국 왕립화학협회가 추천하는 방법을 간단히 소개한다. 먼저 주전자에 신선한 연수를 붓고 끓인다. 이때 주의해야 할 점은 시간, 물, 화력을 낭비하지 않도록 적당량으로 끓인 것이 이상적이라고 한다. 또한 물이 끓는 것을 기다리는 동안에 1/4컵의 물을 넣은 도자기 티포트를 전자레인지에 넣고 최대 출력으로 1분간 돌린다. 이때 주전자의 물이 끓는 것과 동시에 티포트의 물을 버리도록 행동을 연계시키는 것이 중요하다고 한다. 다음은 찻잔 하나당 1티스푼의 찻잎을 티포트에 넣는다. 영국은 '경수' 지역이 대부분이기 때문에 지금도 인원수에 1티스푼을 더하여 찻잎을 넣는 가정이 많다. 그러나 왕립화학협회는 물을 '연수'로 지정하고 있기 때문에 찻잔 수만큼 찻잎을 티스푼으로 넣을 것으로 생각된다. 다음으로 물이 끓는 주전자 앞에 티포트를 놓고 그 속에 든 찻잎에 물을 부은 뒤 가볍게 젓는다. 홍차를 약 3분간 우려내면 완성된다. 다기의 선택은 그 밖에도 도자기 머그잔이나 자신이 좋아하는 스타일의 머그잔을 추천한다.

최대의 관건은 우유를 넣는 방식이다. 왕립화학협회에서는 우유를 먼저 찻잔에 부은 뒤에 홍차를 부어야 맛깔스러운 홍차를 완성시킬 수 있다고 한다. 영국의 상류층에서는 옛날부터 홍차의 찻빛을 즐긴 뒤에 우유를 넣는 습관이 있었다. 반대로 노동자 계층에서는 그릇이 뜨거운 홍차에 깨지지 않도록 우유를 먼저 부은 뒤에 홍차를 넣는 습관이 있었다. 전자는 'MIA(milk in after)', 후자는 'MIF(milk in first)'라 불렀다.

영국 왕립화학협회의 발표는 우유를 찻잔에 먼저 넣는 'MIF'를 권장하여 노동자 계층의 습관에 손을 들어 주었다. 또한 빅토리아 시대 후기에 상품화된 '저온살균 우유'의 사용을 권장하였다. 저온살균 우유는 우유의 끓는점을 넘지 않는 63~65도의 비교적 저온에서 살균한 우유를 말한다. 저온으로 살균함으로써 갓 짠 우유에 가까운 맛을 즐길 수 있는 이점이 있다. 영국 왕립화학협회는 특히 우유를 먼저 붓고 다음에 뜨거운 홍차를 붓더라도 찻잔 속의 밀크 티가 우유의 끓는점인 75도를 넘지 않도록 해야 한다고 당부하고 있다.

홍차를 우릴 때는 맛을 내기 위해 마지막에 설탕을 넣는다고 한다. 이것도 옛날부터 홍차에 설탕을 넣어 즐긴 영국의 방식이다. 그리고 홍차를 마실 때는 너무 뜨겁게 마시지 않고 60~65도의 온도에서 마시는 것이 좋다고 한다.

원유를 120도~150도의 온도에서 1~3초간 살균하는 '초고온살균법(UHT, ultra high temperature heating method)'의 우유는 영국에서 주로 조리용으로 사용된다.

홍차는 영국에서 단순한 기호음료의 차원에 머무르지 않고 '관광 자원'으로서도 큰 저력을 갖고 있다. 외국에서 찾아오는 관광객들의 대부분은 영국식 홍차 문화를 동경하면서 호텔에서 애프터눈 티와 고풍스러운 티룸에서 홍차를 즐기기 위하여 오기 때문이다.

'생저온살균우유(fresh pasteurized milk)'라고 표기된 우유. 가열에 의한 냄새가 거의 나지 않기 때문에 홍차의 섬세한 향을 더욱더 잘 살려 준다.

그러나 실제로 런던의 거리에서는 곳곳에 커피숍들로 넘쳐 나고, '영국은 홍차의 나라'라는 관광객들의 인식들을 완전히 무너뜨린다. 영국 왕립화학협회가 발표한 '한 잔의 홍차를 완벽하게 우리는 방법'은 수많은 영국인들에게 '영국인다운 농담'으로 받아들여져 널리 화제가 되었다. 그리고 이 발표를 계기로 홍차에 대한 신념을 소중히 생각하는 사람들도 늘어난 것 같다. 국가의 재산으로서 '홍차 문화'를 젊은 사람들이 재조명하기를 원하였던 영국 왕립화학협회의 목적은 성공하였다고 볼 수도 있다.

21세기 홍차에 관한 새로운 시도

2005년에는 영국 남서부 콘월(Cornwall) 지역에 있는 트레고스난 다원 (Tregothnan estate)이 상업용 찻잎을 첫 수확하였다고 발표하였다. 역사가 14세기로까지 거슬러 올라가는 '언덕 위의 저택'을 의미하는 트레고스난 다원은 대대로 귀족들이 소유하였고, 해외의 희귀식물들을 다루면서 종합적인 원예 사업을 벌여 왔다. 동백나무가 부지에 자라고 있는 것을 보고 1996년부터 그동안 영국의 기후 풍토에서는 불가능한 것으로 알려진 차나무의 재배에 도전한 것이다.

트레고스난(Tregothnan) 다원의 티블렌드. 아삼 홍차와 블렌딩되어 있다.

2005년에는 2만 그루의 차나무로부터 홍차가 생산되었고, 1파운드당 680파운드라는 높은 가격으로 판매되었다. 이 찻잎을 구입한 업체인 포트넘 앤 메이슨은 그 뒤 일부를 고객에게 판매하였다. 트레고스난 다원의 홍차는 수확량이 매우 적어서 판매할 경우에 다른 산지의 홍차와 블렌딩하는 경우가 많다. 블렌딩하지 않고 이 다원만의 싱글 티를 원하는 소비자들도 있지만 가격이 높아서 쉽게 구입하기도 어려워 '꿈의 홍차'인 셈이다. 앞으로 수확량의 증대가 기대되고 있다.

관광객들의 발길이 잦은 호텔에서도 새로운 시도가 있었다. 빅토리

영국 특산의 인기 홍차들

영국에 가면 기념품 가게에서도 다양한 브랜드의 홍차들이 판매되고 있다. 빅벤, 런던 타워, 런던 버스, 그리고 애프터눈 티 장면의 디자인 등 외국인들이 보기에 '영국다운' 느낌을 주는 각양각색의 홍차 캔들이 눈에 띈다. 1886년에 창업해 커피, 향신료, 홍차를 취급해 온 업체인 '위터드(Whittard)'는 1970년대부터 홍차의 판매를 강화하였다. 그리고 매년 새로 출시되는 홍차의 캔 디자인은 젊은이들과 관광객들에게 큰 사랑을 받고 있다. 1953년에 창업한 업체인 '아마드(AMAD)'의 홍차 캔도 기념품 가게의 진열대에서 늘 볼 수 있다.

이렇게 독특하게 디자인된 캔 속의 홍차는 다 우려 내 마신 뒤에도 캔을 통해 여행의 추억을 떠올릴 수 있어 인기가 많다.

1978년에 계보문장원(College of Arms, 系譜紋章院)의 허가를 받아 설립된 새로운 브랜드인 '동인도회사'의 홍차도 기념품으로서 인기가 높다.

선물로 인기 있는 홍차. 양쪽 가장자리의 것이 아마드의 홍차 캔, 가운데 나열된 것이 위터드의 홍차 캔이다.

영국 슈퍼마켓에 진열된 테틀리 브랜드의
티백들.

트와이닝스 본점의 프리미엄 티 코너. 세계 희귀 산지의 티들이 전시되어 있다.

'테일러스 오브 해러게이트(Taylors of Harrogate)' 브랜
드인 요크셔 티의 티백. 160개들이 상품이다. 경수용
디카페인 상품도 진열되어 있다.

아 시대의 우아한 티타임을 연상케 하는 특별한 티 행사들이다. 홍차를 마시기에 앞서 샴페인으로 건배하는 '샴페인 애프터눈 티', 남성 고객을 대상으로 하는 볼륨이 있는 티푸드와 샴페인 대신에 위스키도 선택할 수 있는 '남성 애프터눈 티', 다이어트에 신경을 쓰는 사람을 위한 '디톡스' 아닌 '티톡스 애프터눈 티' 등이다. 이와 같이 호텔 측도 고객들의 관심을 끌기 위해 늘 메뉴의 개발에 힘쓰고 있다.

홍차 전문점에서는 개별 포장된 티블렌드의 판매가 대부분이었던 20세기의 판매 방식에 역행하는 흐름도 등장하였다. 인도와 스리랑카의 다원별 홍차와 생산량이 적어 영국에 잘 알려져 있지 않은 국가의 홍차들을 서로 블렌딩하지 않고 저울에 판매하는 시도였다. 트와이닝스, 포트넘 앤 메이슨, 해러즈 등도 '프리미엄 티 코너'를 마련하여 수십 종류에 달하는 홍차를 저울로 달아서 판매하고 있다. 프리미엄 티 코너에서는 홍차뿐만 아니라 녹차, 우롱차 등도 판매하고 있다. 그중에는 일본의 현미 녹차인 겐마이차(玄米茶)와 구키차(莖茶)도 있다. 단, 프리미엄 티는 대량으로 판매되는 티백 제품에 비해 가격이 비싸기 때문에 관심을 가지고 실제로 구입하는 사람은 일부 애호가들뿐이다. 대부분의 영국인들은 슈퍼마켓에서 저렴한 가격으로 판매되는 티백 제품을 구입한다. 2007년 티백 보급률은 전체 홍차 소비량의 96%까지 성장하였다.

2012년 화재로 절반이 전소된 티 클리퍼 '커티 삭'의 복원 작업이 무사히 끝나자, 엘리자베스 2세 여왕(1926 ~)이 일반인들에게 공개를 선언하였다. 또한 같은 해에 대서양 건너 미국에서도 홍차의 역사에 관한 중요한 시설인 '보스턴 티 파티십&뮤지엄'이 역시 화재로 전소된 뒤 약 10년 만에 복원을 거쳐 공개되었다. 전 세계적으로 불황을 겪고 있는 요즘에 두 박물관을 복원하는 데는 국민들로부터 많은 기부가 필요하였다. 양국 국민들이 이러한 문화 시설들을 복원하여 전승한 것으로 볼 때 영국식 홍차의 역사를 얼마나 중요시하고 있는지 잘 알 수 있다. 17세기 동양

브루크본드의 인기 트레이딩 카드

티 상인의 가정에 태어난 아서 브루크(Arthur Brooke, 1845~1918)는 아버지의 가게에서 업무를 배운 뒤 1869년에 맨체스터에서 '브루크본드(Brooke Bond)'를 창업했다. 가게 이름은 자신의 이름인 '브루크'에 듣기에 편한 '본드'를 붙인 것이라고 전해진다. 그는 신문 광고에 홍차 광고를 자주 올렸으며, 광고 카피는 모두 자신이 직접 썼다고 한다.

좋은 티는 좋은 친구를 만들고, 기분을 상쾌하게 만들 뿐만 아니라, 마음을 열도록 하고, 대화에서 긴장을 풀어 주면서, 사람과의 교제에서 행복한 시간을 제공해 준다!

이러한 아서의 광고 카피는 홍차의 가치를 진정으로 이해하는 사람들의 마음에 강하게 와 닿았다.

1950년~1960년대 광고를 통하여 선전을 잘하였던 브루크본드는 소량으로 포장된 홍차에 티 트레이딩 카드를 경품으로 제공하면서 소비자들의 마음을 사로잡았다. 티 트레이딩 카드는 약 50종류나 되었는데, 특히 어린이들이 수집에 열광하였다. 1960년대에는 역대 국왕의 초상화가 트레이딩 카드에 등장하여 이것도 큰 인기를 끌었다. 이 트레이딩 카드는 지금도 골동품 시장에서 큰 인기를 끌고 있다.

영국 왕실의 트레이딩 카드는 사람들에게 인기가 많다. 홍차를 좋아하였던 앤 여왕의 도 카드도 있다/브루크본드의 티 카드, 1960년대.

영국에 피는 식물을 주제로 만든 카드/브루크본드의 티 카드, 1950년대.

브루크본드는 영국에서는 '피지 팁스(PG tips)', 캐나다에서는 '레드로즈(Red rose)', 인도에서는 '타지마할(Taj Mahal)' 등으로 그 나라 사람들에게는 친숙한 이름의 브랜드로 판매하여 오늘날까지도 세계 홍차 시장에서 큰 점유율을 차지하고 있다.

홍차 운송 차량인 '레드로즈'의 차체에는 붉은 장미도 그려져 있다/브루크본드의 티 카드, 1987년.

인도에서 인기가 높은 브루크본드의 홍차 브랜드 '타지마할'.

에서 수입된 홍차는 긴 세월에 걸쳐 영국을 대표하는 문화로 자리를 잡았다. 영국 홍차의 역사는 결코 과거의 것이 아니라, 현재, 그리고 미래에도 계속하여 진행될 것이다.

복원된 티 클리퍼인 '커티 삭'의 외관.

보스턴 티파티십스&뮤지엄 내에는 보스턴 티 파티의 기념품을 판매하는 코너도 있다.

트와이닝스가 커티 삭의 복원을 기념하여 출시한 티블렌드. 캔 디자인이 큰 인기를 끌었다.

보스턴 티파티십스&뮤지엄의 외관. 박물관 내에는 보스턴 티 파티 사건에 대한 상세한 경위와 미국 홍차 문화에 관한 기록들이 전시되어 있다. 복원된 선박에서 티 박스를 바다로 내던지는 퍼포먼스도 체험할 수 있다.

티 타월로 되돌아보는 영국 홍차의 역사

1.

동양 문화의 유행

영국 홍차의 역사는 본래 중국에서 수입한 녹차를 상류층에서 즐기면서 시작되었다.

2.

트와이닝스 창업

1706년에 창업한 트와이닝스는 영국 홍차의 역사를 이끌었다.

3.

은제 티포트의 유행

앤 여왕의 영향으로 18세기에는 순은제의 티포트가 크게 유행하였다.

4.

보스턴 티 파티 사건

티를 마시는 문화는 식민지인 미국에도 전파되었다. 그러나 영국의 과도한 세금 징수로 인해 조세 저항 운동 차원에서 보스턴 티 파티 사건이 일어났다.

5.

도자기 산업의 발전

영국의 도자기 산업이 활발해진 18세기 말에는 아름다운 도자기의 찻잔 세트들이 많이 만들어졌다.

6.

인도에서 차나무의 재배 시작

인도, 스리랑카에서 다원이 개척되면서 홍차는 영국의 국민 음료가 되었다.

7.

애프터눈 티의 대유행

베드퍼드 공작가의 저택인 워번 애비에서 시작된 애프터눈 티의 관습은 당시 수많은 여성들의 마음을 사로잡았다.

8.

무게를 재서 판매하는 홍차

고급 상품이었던 홍차는 저울로 무게를 재서 파는 것이 전통이었다.

9.

티 클리퍼

홍차를 보다 빨리 운송하기 위해 만들어진 쾌속 범선(티 클리퍼)들의 레이스도 큰 인기를 끌었다.

10.

『비턴 부인의 살림 비결』의 대유행

카리스마가 넘치는 주부인 비턴 부인이 등장하면서 중산층 여성들에게도 홍차를 우리는 방법과 티타임을 갖는 방법들이 확산되었다.

11.

너서리 티의 교육

어린아이들도 인형놀이를 하면서 티를 우리는 방법을 배웠다.

12.

티블렌드의 유행

19세기말에는 다른 찻잎들을 배합한 티블렌드를 개별 포장해 판매하는 방식이 정착되었다.

13.

티백의 보급

미국에서 처음으로 상품화된 티백은 제2차 세계대전 이후에 영국에도 널리 보급되었다.

14.

티룸의 성행

고풍스러운 티룸에서 제공되는 영국 전통의 과자와 홍차는 영국의 이미지 그 자체이다.

고풍스러운 티룸에서 즐기는 인기 티 푸드

빅토리아 시대 후기에 식재료들이 다양해지고 오븐이 보급되면서 일반 가정에서도 과자를 직접 만들어 먹는 사람들이 점차 늘어났다. 『비턴 부인의 살림 비결』에도 당시의 제과 레시피들이 많이 소개되어 있을 정도이다. 물론 지금은 찾아볼 수도 없는 과자들도 있지만, 오늘날까지도 변함없이 사랑을 받고 있는 과자들도 있다. 영국에 여행을 가면 꼭 먹어 보아야 할 티 푸드들을 소개한다.

고풍스러운 티룸에서 즐기는 영국의 전통 과자는 여행자들에게 인기가 매우 높다.

스콘

스콘(scorn)의 역사는 19세기 말부터 시작되었다. 스코틀랜드의 전통 빵인 '배넉(bannock)'에 당시 발명된 베이킹파우더와 설탕을 넣자 급속히 팽창하면서 식감이 전혀 달라진 빵이 된 것이다. 스콘은 보통 클로티드 크림과 베리류의 잼을 발라 먹지만, 북잉글랜드와 스코틀랜드에서는 버터를 발라 먹기도 한다.

레몬 케이크

레몬 케이크는 빅토리아 시대부터 사랑을 받아 온 기본 과자이다. 레몬 향미의 아이싱을 뿌리는 것이 중요 포인트이다.

당근 케이크

설탕이 부족하였던 제2차 세계대전 중에는 단맛이 나는 당근을 사용하여 케이크를 만든 뒤 티타임에서 즐겼다. 강판에 굵게 간 당근의 식감이 매우 독특하다.

빅토리안 샌드위치

빅토리아 여왕의 애프터눈 티에 등장한 샌드위치이다. 영국인들로부터 절대적인 지지를 얻은 영국의 대표 식품. 2개의 틀로 빵 반죽을 굽고 그 사이에 잼이나 크림, 레몬커드를 바른다.

커피·호두 케이크

홍차에 커피 맛이 나는 케이크라고 말하면 놀라는 사람도 있겠지만, 오늘날 거의 모든 티룸에 제공되는 인기 메뉴이다. 빅토리아 시대의 티룸에서도 큰 인기를 끌었다.

샌드위치

샌드위치의 주재료는 연어, 오이, 계란, 로스트비프 등이다. 빅토리아 시대의 애프터눈 티에서는 돼지고기나 소고기를 많이 사용하였지만, 1870년대부터 오이 샌드위치가 큰 인기를 끌었다. 당시 오이는 수입품이거나 온실에서 재배하는 작물이었기 때문에 가격이 매우 비쌌다. 또한 오이는 수분함량이 많기 때문에 오이 샌드위치를 미리 만들어놓을 수가 없었다. 따라서 오이 샌드위치는 방문한 손님들에게 최대한 정성을 들여 품격 있게 접대하는 음식이었다.

부 록

✳ 영국 홍차에 관한 역사 연대기 ✳

B.C. 2737	중국의 신농((神農)이 처음 티를 발견.
380~	티를 마시는 관습이 쓰촨성에서 양쯔강 유역 각지로 확산.
493~	중국이 터키와 티, 비단, 도자기의 무역을 시작.
760	육우(陸羽)가 『차경(茶経)』을 저술.
804	중국에 유학한 일본의 승려들이 귀국하여 티를 마시는 방식과 녹차를 전파.
815	에이추(永忠)가 본샤쿠사(梵釈寺)에서 사가(嵯峨) 천황을 위해 녹차를 달임.
1191	에이사이(榮西) 선사가 차나무의 종자를 히라도(平戸)의 센코사(千光寺)와 세후리산(脊振山) 레이센사(霊仙寺)의 마당에 뿌림.
1211	에이사이 선사가 『끽다양생기(喫茶養生記)』를 완성.
1379	우지차(宇治茶)가 특별한 비호를 받으면서 차노유(茶の湯)가 보급, 발전.
1545	조반니 라무지오(Giovanni Battista Ramusio, 1485~1557)가 『항해와 여행(Navigations and Travels)』을 저술해 서양에 티의 존재를 최초로 소개.
1598	네덜란드 해양학자 얀 하위헌 반 린스호턴(Jan Huygen van Linshoten, 1563~1611)이 『항해기』를 출간.
1600	영국 동인도회사의 설립.
1602	네덜란드 동인도회사의 설립.
1610	네덜란드 상인들이 중국과 일본의 티를 수입해 네덜란드에서 티가 유행.
1630~	네덜란드가 프랑스, 독일에 중국산 도자기와 함께 티를 수출.
1640~	네덜란드 상류층에 티를 마시는 문화가 유행. 청교도혁명으로 네덜란드로 망명한 영국의 왕족과 귀족들이 티 문화를 접함.
1650	영국에서 커피 하우스의 첫 개장.
1657	런던의 커피 하우스인 '개러웨이스'에서 티를 판매.
1659	영국에서 무이차(보히 티)를 판매.
1660	영국 정부가 커피 하우스에서 판매하는 티에 세금을 부과.
1662	포르투갈 브라간사 왕가의 캐서린 공주와 영국의 국왕 찰스 2세가 결혼.
1679	영국에서 티 경매가 최초로 개최.
1680	프랑스에서 밀크 티를 마시는 관습이 영국으로 전파.
1685	메리 오브 모데나 왕비에 의해 티를 받침 접시에 옮겨 마시는 홍차 문화 유행.

1689	커피 하우스에서 티 세금이 철폐되고 찻잎에 관세 부과, 영국과 중국 간에 티의 직접 무역 시작.
1690	영국령이었던 미국 보스턴에서 티룸 개장.
1702	은제 티포트 유행.
1706	토머스 트와이닝이 커피 하우스인 '톰스 커피 하우스'를 개장
1707	포트넘 앤 메이슨의 창립
1717	트와이닝스가 티 전문점인 '골든 라이온'을 개장.
1721	동인도회사가 티의 수입을 독점. 티의 과세율이 증가하면서 밀수가 성행.
1723	보세 창고의 사용이 의무화됨.
1730~	영국 내에서 '티의 유해설'이 주창되면서 '티 논쟁'이 확대.
1732~	티 가든이 유행, 야외에서 티를 마시는 문화가 탄생.
1740~	티 볼에 손잡이가 달린 티 컵(찻잔)이 등장.
1757	중국이 티와 도자기 등의 제한 무역을 시작, 영국의 적자 증대.
1767	'타운센드법'의 제정. 미국에서 티에 대한 보이콧 활동 전개.
1772	존 코클리 렛섬이 『차나무 박물사』를 간행.
1773	미국을 대상으로 한 '티조례'로 인해 '보스턴 티 파티 사건'이 발생.
1776	'보스턴 티 파티 사건'이 미국 독립전쟁으로 발전, 같은 해 미국의 독립 선언.
1784	리처드 트와이닝의 제안으로 윌리엄 피트 수상이 티에 대한 감세 실시.
1793~	영국에서 머카트니를 전권 대사로 파견해 중국에 제한 무역의 철폐를 요청했지만 거부당함, 중국에서 아편 밀수가 증가.
1799	스포드 요업이 본차이나의 실용화에 성공.
1806	중국에 파견된 사절단이 귀국하면서 들여온 무이차를 그레이 백작에게 헌상.
1812	멜로즈의 창업.
1813	인도에 대한 무역의 자유화.
1823	로버트 브루스 소령이 인도의 아삼 지역에서 차나무를 발견.
1830~	'절대 금주 운동'의 개시.
1833	대중국 무역의 자유화. 쾌속 범선인 티 클리퍼의 등장.
1834	인도의 초대 총독인 벤팅크 경의 '티위원회'의 발족.
1836	리지웨이의 창립.
1837	테틀리의 창립.
1838	아삼 티가 영국으로 운송되어 호평을 받으면서 본격적으로 재배 시작.

1839	중국의 아편 단속 개시.
1840	아편 전쟁의 발발. 귀족 계층에서 애프터눈 티의 관습이 정착.
1841	스리랑카의 캔디 지역에서 차나무의 첫 재배.
1842	난징 조약의 체결과 홍콩의 영국 할양(1997년 반환).
1845~	아일랜드에서 감자 기근이 발생. 아일랜드 난민들이 전 세계로 이주하면서 티 문화도 확산
1847	로버트 포춘이 '녹차'와 '우롱차'가 같은 차나무에서 생산된다는 사실을 파악.
1849	'항해 조례'의 철폐와 동시에 미국의 티 클리퍼가 티 무역에 등장. 티 클리퍼의 레이스로 발전.
1851	런던에서 만국박람회가 세계 최초로 개최.
1852	로버트 포춘이 밀수한 무이차의 묘목과 가공 기술이 인도의 다르질링으로 전파되면서 상업적인 다원이 개설.
1860~	스리랑카의 커피 농장들이 해충으로 큰 타격을 받음. 철도의 일등석에서 티 서비스가 시작.
1861	『비턴 부인의 살림 비결』 출간. 인도 콜카타에서 산지 경매 시작.
1866	기차역 정거장에서 홍차가 판매되기 시작.
1867	제임스 테일러가 캔디 교외의 룰레콘데라 지역에서 다원을 개척.
1869	수에즈 운하의 개통과 함께 티 클리퍼 시대의 종료. 브루크본드의 창립, 개별 포장된 홍차 블렌드 출시.
1871	립톤 창립.
1872	윌리엄 잭슨이 티 가공 기계 발명.
1873	스리랑카 티의 첫 런던 경매 상장.
1881	다르질링 히말라야 철도의 개통.
1884	런던에 ABC 티룸의 개장.
1886	마자왓테 티컴퍼니 창립, 신문·잡지에 홍차 업체의 광고 시작.
1887	일본 최초로 외국산 홍차 수입.
1890~	토머스 립톤이 스리랑카에서 몇몇 다원을 매입. 영국 북부 농촌 지역을 중심으로 '하이 티'의 보급.
1894	J. 라이온스&컴퍼니 창립.
1896	A·V 스미스가 '티 볼(tea ball)'의 개발.
1899	닐기리 산악 철도의 개통.
1903	아프리카대륙에서 홍차 생산의 본격화.

1904	세인트루이스 만국박람회에서 영국인 리처드 블레친든이 '아이스티'를 발명, 미국의 티 상인 토머스 설리번이 '티백'의 상품화.
1905	타이푸의 창업. '의사가 권하는 홍차'라는 광고로 큰 화제.
1906	메이지야(明治屋)에서 일본에서는 최초로 립톤 홍차 수입.
1908	브루크본드가 짐마차로 홍차를 배달하기 시작.
1913~	호텔에서 티 댄스의 유행.
1914	제1차 세계대전 발발.
1917	제1차 세계대전 중에서 홍차가 배급 식품으로 지정.
1930	차나무 종의 학명이 '카멜리아 시넨시스(*Camellia sinensis*)'로 통일.
1931	윌리엄 매커처 경이 CTC 기계를 개발.
1933	인도, 스리랑카, 인도네시아가 국제 티 협정을 조인, 국제티위원회(ITC)의 설립.
1935	윌리엄 해리슨 우커스가 『올 어바웃 티(All About Tea)』를 출간.
1939	제2차 세계대전의 발발.
1940~	홍차가 전시 배급품으로 지정.
1946	조지 오웰이 『한 잔의 맛있는 홍차』를 출간.
1953	영국에서 티백 출시.
1958	물에 녹여서 마시는 분말 타입의 인스턴트 티가 미국에서 발명.
1970~	고풍스러운 티룸의 유행.
1985	티 길드인 '영국 티자문위원회'의 설립.
1998	런던의 티 옥션 폐쇄.
2003	영국 왕립화학협회가 '한 잔의 홍차를 완벽하게 우리는 방법'을 발표.
2005	영국의 트레고스난 다원이 상업용으로 재배한 찻잎의 수확을 발표.
2012	'커티 삭', '보스턴 티파티십스&뮤지엄'의 복원 개장.

참고문헌

『茶の世界史 緑茶の文化と紅茶の社会』角山栄 中央公論新社 1980. 12

『一杯の紅茶の世界史』磯淵猛 文藝春秋 2005. 8

『紅茶画廊へようこそ』磯淵猛 扶桑社 1996. 10

『紅茶の文化史〈春山行夫の博物誌7〉』春山行夫 平凡社 1991. 2

『英国紅茶論争』滝口明子 講談社 1996. 8

『英国紅茶の話』出口保夫 東京書籍 1982. 7

『新訂 紅茶の世界』荒木安正 柴田書店 2001. 4

『茶ともてなしの文化』角山榮 NTT出版 2005. 9

『大帆船時代 快速帆船クリッパー物語』杉浦昭典 中公新書 1979. 6

『東インド会社 巨大商業資本の盛衰』浅田實 講談社現代新書 1989. 7

『紅茶を受皿で イギリス民衆芸術覚書』小野二郎 晶文社 1981. 2

『お茶の歴史』ヴィクター・H・メア、アーリン・ホー、忠平美幸訳 河出書房新社 2010. 9

『[年表] 茶の世界史』松崎芳郎 八坂書房 2007. 12

『イギリス王室物語』小林章夫 講談社 1996. 1

『英国王室史話 上・下』森護 中央公論新社 2000. 3

『〈インテリア〉で読むイギリス小説 室内空間の変容』久守和子、中川僚子 ミネルヴァ書房 2003. 5

『〈食〉で読むイギリス小説 欲望の変容』安達まみ、中川僚子 ミネルヴァ書房 2004. 6

『英国アンティーク お茶を楽しむ』大原照子 文化出版局 1995. 11

『食卓のアンティークシルバー Old Table Silver』大原千晴 文化出版局 1999. 9

『アンティークシルバー物語 銀器にまつわる、人々の知られざるストーリー』大原千晴 主婦の友社 2009. 11

『英国骨董紅茶銀器 シリーズ1』日本ブリティッシュアンティークシルバー協会 2000. 4

『英国骨董紅茶銀器 シリーズ2』日本ブリティッシュアンティークシルバー協会 2000. 8

『英国骨董紅茶銀器 シリーズ3』日本ブリティッシュアンティークシルバー協会 2001. 1

『ヨーロッパ宮廷陶磁の世界』前田正明、櫻庭美咲 角川学芸出版 2006. 1

『絵で見るお茶の5000年 紅茶を中心とした文化史』デレック・メイトランド、ジャッキー・パスモア、井ケ田文一訳 金花舎 1994. 8

『絵画と文学 ホガース論考』櫻庭信之 研究社 1987

『紅茶のすべてがわかる事典』Cha Tea紅茶教室 ナツメ社 2008. 12

『珈琲・紅茶の研究 別冊暮らしの設計 No. 2』中央公論社 1980. 3

『珈琲・紅茶の研究PART II 別冊暮らしの設計 No. 7』中央公論社 1981. 7

『AGORA 2014・1・2合併号』JAL

『茶の博物誌 茶樹と喫茶についての考察』ジョン・コークレイ・レットサム、滝口明子訳 講談社 2002. 12

『知っておきたい英国紅茶の話』出口保夫 ランダムハウス講談社文庫 2008. 9

『図説 英国貴族の城館 カントリー・ハウスのすべて』田中亮三、増田彰久 河出書房新社 1999. 1

『図説 英国レディの世界』岩田託子、川端有子 河出書房新社 2011. 2

『図説 英国ティーカップの歴史 紅茶でよみとくイギリス史』Cha Tea紅茶教室 河出書房新社 2012. 5

『図録 紅茶とヨーロッパ陶磁の流れ』名古屋ボストン美術館 2001. 3

『世界の紅茶 400年の歴史と未来』磯淵猛 朝日新聞出版 2012. 2

『30分で人生が深まる紅茶術』磯淵猛 ポプラ社 2014. 2

『お茶の歴史(「食」の図書館)』ヘレン・サベリ、竹田円訳 原書房 2014. 1

『ティールームの誕生〈美覚〉のデザイナーたち』横川善正 平凡社 1998. 4

『イギリス紅茶事典』三谷康之 日外アソシエーツ 2002. 5

『現代紅茶用語辞典』日本紅茶協会 柴田書店 1996. 8

『茶の世界史 中国の霊薬から世界の飲み物へ』ビアトリス・ホーネガー 平田紀之訳 白水社 2010. 2

『紅茶の保健機能と文化』佐野満昭、斉藤由美 アイ・ケイ コーポレーション 2008. 5

『紅茶・珈琲誌』E・ブラマー、梅田晴夫訳 東京書房社 1974

『紅茶入門(食品知識ミニブックスシリーズ)』清水元 日本食糧新聞社 2011. 5

『茶の帝国 アッサムと日本から歴史の謎を解く』アラン・マクファーレン、アイリス・マクファーレン、鈴木実佳訳 知泉書館 2007. 3

『アッサム紅茶文化史』松下智 雄山閣出版 1999. 12

『ロマンス・オブ・ティー 緑茶と紅茶の1600年』W. H. ユーカース、杉本卓訳 八坂書房 2007. 6

『プラントハンター ヨーロッパの植物熱と日本』白幡洋三郎 講談社 1994. 2

『紅茶スパイ 英国人プラントハンター中国をゆく』サラ・ローズ、築地誠子訳 原書房 2011. 12

『路地裏の大英帝国 イギリス都市生活史』角山榮、川北稔 平凡社 1982. 2

『紅茶が動かした世界の話』千野境子 国土社 2011. 2

『お茶の世界の散歩道』森竹敬浩 講談社出版サービスセンター 2009. 6

『名画の食卓を読み解く』大原千晴 大修館書店 2012. 7

『砂糖の世界史』川北稔 岩波ジュニア新書 1996. 7

『ダージリン茶園ハンドブック』ハリシュ C. ムキア 井口智子訳 R.S.V.P. 丸善出版 2012. 7

『紅茶レジェンド イギリスが見つけた紅茶の国』磯淵猛 土屋書店 2009. 1

『RSVP 憧れのティータイム No. 13』R.S.V.P, 2013. 10

『where to take Tea』Susan Cohen, New Holland, 2008.

『The House of Twining 1706-1956』S.H. Twining, Twining, 1956.

『Talking of TEA』Gervas Huxley, John Wagner, 1956.

『TEACRAFT』CHARLES & VIOLET SCHAEFR, YERBA BUENA PRESS, 1975.

『Tea Dictionary』Devan Shah & Ravi Sutodiya, Tea Society, 2010.

『My Cup of Tea』Sam Twining, Vision On Publishing, 2002.

『James Norwood Pratt's Tea Dictionary』James Norwood Pratt, Devan Shah, Tea society, 2005.

『Tea MAGAZINE』2012. 7-8.

『A DISH OF TEA』Susan N. Street, Bear Wallow books, Publishers, Inc., 1998.

『CHILDREN'S Tea Parties』A Remember When Book, 2004.

『Tea: The Drink That Changed the World』Laura C. Martin, TUTTLE PUBLISHING, 2007.

『MRS. BEETON'S HOUSEHOLD MANAGEMENT』Isabella Beeton, Ward, Lock, 1907.

『MRS. BEETON'S BOOK OF HOUSEHOLD MANAGEMENT』OXFORD WORLD'S CLASSICS, NICOLA HUMBLE, Oxford University Press Inc., 2000.

『tea-cup fortune telling at-a-glance』MINETTA, I & M OTTENHEIMER, 1953.

『ENGRAVINGS BY HOGARTH』SEAN SHESGREEN, DOVER, 1973.

『TEA with Mrs. BEETON』Cherry Randell, Distributed by Starling Pub. Co., 1990.

『FIVE O'CLOCK TEA』W. D. HOWELLS, Harper and brothers, 1894.

『TEA: EAST & WEST』RUPERT FAULKNER, V&A, 2003.

사단법인
한국 티(TEA)협회
TEA ASSOCIATION OF KOREA

사단법인 한국티(TEA)협회 인증

글로벌 시대에 맞는 티 전문가의 양성을 책임지는
한국티소믈리에연구원

한국티소믈리에연구원은 국내 최초의 티(tea) 전문가 교육 및 연구기관이다. 티(tea)에 대한 전반적인 이론 교육과 함께 티 테이스팅을 통하여 다양한 맛을 배워 가는 과정으로 창의적인 티소믈리에와 티블렌더를 양성하는 데 주력하고 있다.

티소믈리에는 고객의 기호를 파악하고 티를 추천하여 주거나 고객이 요청한 티에 대한 특성과 배경을 바로 알아 고객에게 추천하는 역할을 한다. 티블렌더는 티의 맛과 향의 특성을 바로 알아 새로운 블렌딩티(Blending tea)를 만들 수 있는 전문가적 지식과 경험이 필요하다.

티소믈리에, 티블렌딩 교육 과정은 1급, 2급 자격증 과정과 골드 과정을 운영하고 있다. 사단법인 한국티(TEA)협회와 한국티소믈리에연구원이 공동으로 주관하고, 한국직업능력개발원이 공증하는 1급, 2급 자격증은 단계별 프로그램을 이수한 후 자격시험 응시가 가능하다. 골드 과정은 티소믈리에, 티블렌딩 1급 수료자를 대상으로 한 티 전문가 교육 과정이다. 골드 과정은 각 교육 과정의 깊이 있는 연구를 통해 티 전문가로서 갖춰야 할 전문 교육 프로그램을 이수하여 강사로 활동하거나 지식과 경험을 통합하여 티(TEA)비즈니스에 대해 이해할 수 있는 프로그램으로 티 산업의 다양한 영역에서 활동할 수 있도록 한다.

현재 한국티소믈리에연구원은 본원에서 교육 및 연구를 진행하고 R&D센터에서 교육 및 응용, 개발을 실시하고 있으며, 지금까지 수많은 티 전문가들을 배출해 왔다.

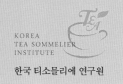

사단법인 **한국티(TEA)협회 인증**

티소믈리에 & 티블렌더 &
한방차 티테라피 교육 과정 소개

- 티소믈리에 1급, 2급 자격증.
  - 사단법인 한국티협회와 한국티소믈리에연구원이 공동으로 주관.
- 티소믈리에 1급, 2급 자격증 과정
  - 티소믈리에 2급
  - 티소믈리에 1급
- 티소믈리에 골드 과정
  - 강사 양성 과정, 티 비즈니스의 이해 과정
- 티블렌딩 1급, 2급 자격증 과정
  - 티블렌딩 2급
  - 티블렌딩 1급
- 티블렌딩 골드 과정
  - 강사 양성 과정, 티블렌딩 응용 개발 과정.
- 한방차 티테라피 교육 과정
  - 한방차 티테라피 1_입문/개론
  - 한방차 티테라피 2_심화/응용

티 세계의 입문을 위한
국내 최초의 '티 개론서'

티의 역사·테루아·
재배종·티테이스팅 등

전 세계 티의 기원, 산지,
생산, 향미, 테이스팅을
과학적으로 체계화한 개론서이다!

CHAI
인도 홍차의 모든 것

영국식 홍차의 시작, 인도 홍차의 숨은 이야기!

홍차 생산 세계 1위인 인도 정부의
주한 인도 대사가 공식 추천한
인도 홍차의 기념비적인 책!
인도 홍차의 모든 내용을 화려한 사진들과 함께 소개한다!

티소믈리에가 만드는
티칵테일

티·허브·스피릿츠, 그 절묘한 믹솔로지!

역사상 가장 오래된 두 음료, 티와 칵테일을
셰이킹해 티칵테일을 만드는 실전 가이드!
다양한 향미의 티와 허브, 생과일,
칵테일의 환상적인 셰이킹을 소개한다.

세계 티의 이해
Introduction to tea of world

세상의 모든 티, 티의 역사와 문화,
티를 즐기는 세계인, 티 여행 명소,
다양한 티 레시피,
그리고 그 밖의 모든 티들을 소개한다.

티 아틀라스
WORLD ATLAS OF TEA

티 세계의 로드맵!
'커피 아틀라스'에 이은
〈월드 아틀라스〉 시리즈 제2권!

전 세계 5대륙, 30개국에 달하는
티 생산국들의 테루아, 역사, 문화
그리고 세계적인 티 브랜드들을 소개한다.

'중국차 바이블에 이은'
기초부터 배우는 중국차

사단법인 한국티협회 '중국차 과정' 지정 교재

중국차 구입에서부터 중국 7대 차종과 대용차,
차구의 선택과 관리, 차의 역사, 차인·차사·차속, 차와
건강 등에 관한 315가지의 내용을 소개한 중국차 전문 해설서!

기초부터 배우는
101가지의 힐링 허브티

사단법인 한국티협회 '티블렌딩 과정' 지정 부교재

현대인들의 몸과 마음의 건강을 위한
힐링 허브티 블렌딩의 목적별, 상황별 101가지
레시피를 소개한다.

티소믈리에를 위한
차(茶)의 과학

차의 색, 향, 맛에 대한 비밀을 과학으로 풀어본다

일본 저명 식품과학자이자, 차전문가인
오쓰마여자대학의 오모리 마사시 명예교수가
50여 년간 과학적으로 분석한 차의 모든 것!

THE BIG BOOK OF KOMBUCHA
콤부차

북미, 유럽을 강타한 콤부차인 DIY 안내서!

이 책은 왜 콤부차인가에서부터 콤부차의 발효법,
다양한 가향·가미법, 콤부차의 요리법, 콤부차의 역사를
상세히 소개한다.

HERBS & SPICES
THE COOK'S REFERENCE

세계 허브 & 스파이스 대사전!

이 책은 총 283종의 허브 및 스파이스의
화려한 사진과 함께 향미, 사용법, 재배 방법 등을
완벽히 소개한 결정판!

티소믈리에 1급, 2급 자격 과정 교재

티소믈리에 이해 1 _ 입문

티소믈리에 2급 자격 과정 교재

티의 정의에서부터 티 테이스팅의 이해,
티의 역사, 식물학, 티의 다양한 분류,
허브티, 블렌디드 허브티 등의
교육을 위한 개론서.

티소믈리에 이해 2 _ 심화_산지별 I

티소믈리에 2급 자격 과정 교재

홍차의 이해에서부터 인도 홍차,
스리랑카 홍차, 다국적 홍차, 중국 홍차,
중국 흑차(보이차) 등의
교육을 위한 심화 교재.

티소믈리에 이해 3 _ 심화_산지별 II

티소믈리에 1급 자격 과정 교재

녹차의 이해에서부터 중국 녹차,
일본 녹차, 우리나라 녹차, 중국 청차(우롱차),
타이완 청차(우롱차), 백차, 황차 등의
교육을 위한 심화 교재.

티소믈리에 이해 4 _ 심화_올팩토리

티소믈리에 1급 자격 과정 교재

커핑(테이스팅)의 방법에서부터
식품 관능 검사, 맛의 생리학,
감각의 표현 기술, 올팩토리 등의
교육을 위한 심화 교재.

티블렌딩 1급, 2급 자격 과정 교재

티블렌딩 이해 1 _ 입문_블렌딩

티블렌더 2급 자격 과정 교재

티블렌딩의 정의에서부터 홍차 블렌딩의
기본 기술, 다국적 블렌딩 홍차,
가향·가미된 홍차, 허브티 블렌딩 등의
교육을 위한 개론서.

티블렌딩 이해 2 _ 심화_블렌딩

티블렌더 1급 자격 과정 교재

백차, 녹차의 블렌딩 기술에서부터
가향·가미된 녹차, 가향·가미된 홍차,
청차(우롱차), 흑차(보이차), 허브티 블렌딩,
한방차 블렌딩 등의 교육을 위한 심화 교재.

한방차 티테라피 1급, 2급 자격 과정 교재

한방차 티테라피 1 _ 입문_개론

한방차 티테라피 2급 과정 교재

한의학의 기본인 음양학에서부터
장부학, 약리학, 그리고 다양한 목적으로
사용할 수 있는 한방차 재료 등의 교육을 위한 개론서.

한방차 티테라피 2 _ 심화_응용

한방차 티테라피 1급 과정 교재

한방차의 티테라피의 다양한
응용 과정과 실습을 위한 심화 교재.

세기의 명작품들과 함께하는
영국 홍차의 역사

2020년 9월 15일 초판 1쇄 발행

지 은 이 | Cha Tea 紅茶教室
번   역 | 한국 티소믈리에 연구원
감   수 | 정승호
펴 낸 곳 | 한국 티소믈리에 연구원
출판신고 | 2012년 8월 8일 제2012-000270호
주   소 | 서울시 성동구 아차산로 17 서울숲 L타워 1204호
전   화 | 02)3446-7676
팩   스 | 02)3446-7686
이 메 일 | info@teasommelier.kr
웹사이트 | www.teasommelier.kr

펴 낸 이 | 정승호
출판팀장 | 구성엽
디 자 인 | 아르떼203

이 도서의 국립중앙도서관 출판예정도서목록(CIP)은 서지정보유통지원시스템
홈페이지(http://seoji.nl.go.kr)와 국가자료공동목록시스템(http://www.nl.go.kr/kolisnet)에서
이용하실 수 있습니다.(CIP제어번호: CIP2020034560)